"十四五"普通高等教育本科部委级规划教材

城乡规划计算机辅助设计

代富红 毛可 王丽 范金煜 杜佳

编著

中国纺织出版社有限公司

国家一级出版社 全国百佳图书出版单位

图书在版编目（CIP）数据

城乡规划计算机辅助设计 / 代富红等编著. —— 北京：中国纺织出版社有限公司，2023.10

"十四五"普通高等教育本科部委级规划教材

ISBN 978-7-5229-1143-4

Ⅰ. ①城… Ⅱ. ①代… Ⅲ. ①城市规划 — 建筑设计 — 计算机辅助设计 — 高等学校 — 教材 Ⅳ. ① TU984-39

中国国家版本馆 CIP 数据核字（2023）第 205441 号

责任编辑：华长印　石鑫鑫　　责任校对：王花妮
责任印制：王艳丽

中国纺织出版社有限公司出版发行
地址：北京市朝阳区百子湾东里 A407 号楼　邮政编码：100124
销售电话：010—67004422　传真：010—87155801
http://www.c-textilep.com
中国纺织出版社天猫旗舰店
官方微博 http://weibo.com/2119887771
北京印匠彩色印刷有限公司印刷　各地新华书店经销
2023 年 10 月第 1 版第 1 次印刷
开本：787×1092　1/16　印张：13
字数：250 千字　定价：59.80 元

凡购本书，如有缺页、倒页、脱页，由本社图书营销中心调换

前 言 ·······　P R E F A C E

作品的有效表达是城乡规划师作为设计者的基础，如何传递出作品的理念，表达出具体的信息、展示出设计效果一直是教学的痛点，也是初学者的技术难点。因此，本书集中了"计算机辅助设计""城乡规划设计"等专业课程的任课教师，结合多年教学经验，针对软件表达技术薄弱、软件协作难以运用等常见问题，结合学科特征及教学计划，设置居住区、村庄、城市等不同维度的专题，分别演示软件的运用过程，以期实现设计成果表达中软件的高效协作。

设计软件的运用与由简到繁的设计流程一致，需协同二维设计软件、三维建模及渲染软件、后期效果表现软件。目前，二维设计软件主要为AutoCAD 制图软件，三维建模软件主要为 SketchUp、3DS Max 等，三维渲染软件主要为 VRay、Enscape、Lumion 等，后期效果表现软件主要为 Photoshop、InDesign 等。由于 AutoCAD 较为简单基础，3DS Max 主要由专业效果图表现师使用，所以本书不再对其进行介绍，重点讲解 SketchUp、Enscape、Lumion、Photoshop、InDesign 等软件在设计课程中的综合运用技巧，各章节具体内容如下：

第 1 章为相关软件的总体概述，介绍各软件的基本使用功能，使学生形成对软件的总体认知，撰写人为代富红、毛可、王丽、杜佳。

第 2 章为居住区规划设计的任务介绍、基本设计要求、成果表达要求、SketchUp 建模和 Enscape 渲染的流程和技巧，撰写人为代富红、王丽。

第 3 章，乡村规划设计的任务介绍、基本设计要求、成果表达要求、Lumion 渲染的流程和技巧，撰写人为毛可。

第 4 章为城市设计的任务介绍、基本设计要求、成果表达要求、Photoshop 绘制总平面图、各类分析图的流程及技巧，撰写人为范金煜。

第 5 章介绍了 InDesign 软件在规划设计专业中常用的排版设计原则、

成果要求、使用技巧，撰写人为王丽。

感谢杜佳完成书稿的校对工作并提供第 3 章的案例素材，感谢周瑜提供第 2 章案例素材。本书由首批国家级一流本科课程、社会实践一流课程"城市规划设计（8）"（项目编号：2020150166）教学项目经费支持出版，适合城乡规划及建筑学本科专业师生使用。由于能力有限，书中难免存在纰漏之处，敬请指正。

编著者

2023 年 3 月 1 日

城乡规划计算机辅助设计

目 录 ————————— C O N T E N T S

第3章 乡村规划设计表达 ···················· 077

第1章

相关软件基本功能简介

计算机辅助城乡规划设计涉及软件较多，从工作流程上看，不同阶段的设计任务和所需的软件有所不同：前期分析阶段，一般包含规划分析（上位规划、周边整体规划情况研究）、基地分析（各类环境、文化、历史要素）、案例研究、与基地匹配的案例收集（已建成的、规划中的，或者只是竞赛概念型的皆可）。这个阶段主要需要绘图和排版软件，包括 Photoshop、InDesign 等，有些基地分析会用到地理信息系统（GIS）等分析系统及软件；方案设计阶段，一般遵循"结构草图—平面草图—三维模型推敲—平面彩图—三维精细建模及渲染—后期表现"的流程。软件上，较多使用 AutoCAD 绘制平面图、SketchUp 绘制三维图、Photoshop 制作后期效果图。近几年渲染软件如 Enscape、Lumion 的功能提升，且支持 SketchUp 实时渲染，也大大提升了方案初始阶段的表现力；后期成果表达阶段，以各类分析为主，以平面图或模型为底图，运用 Photoshop 制作分析图，之后通过 InDesign 等排版形成完整的文本。

本书重点介绍 SketchUp、Enscape、Lumion、Photoshop 和 InDesign 软件辅助城乡规划设计流程，下面将对各个软件的基本功能进行介绍。

1.1 SketchUp

1.1.1 概述

SketchUp 是 Last Software 公司开发的一款面向设计方案创作过程的设计工具，该公司在 2006 年被谷歌公司收购，而后经历了 1~8 版本迭代更新。2012 年天宝导航公司（TrimbleNavigation）收购了由谷歌公司运营六年的 SketchUp 3D 建模平台，2013 年发布 SketchUp Pro 2013，后每年迭代一版，2022 年发布了 SketchUp Pro 2022。

SketchUp 又名"草图大师"，主要优势是使用简便、上手容易，可以直观表达设计师的想法。SketchUp 的应用范围广，适用于建筑设计、园林设计、景观设计、室内设计、工业设计、3D 模型等设计领域，且能与 AutoCAD、Revit、3D MAX、Piranesi 等软件结合使用，使设计过程更加方便高效。

相较于之前发布的版本，SketchUp Pro 2022 得到了全面的升级，包括改进的建模工具、额外的搜索功能以及 LayOut 中的省时增强功能，这些更新将有助于加快和简化工作流程。

1.1.2　软件界面及场景基本操作

1. SketchUp Pro 2022中文版的用户界面

SketchUp Pro 2022中文版（以下简称SU）的用户界面主要由标题栏、菜单栏、工具栏、当前视图、状态栏、数值控制栏以及默认面板等组成（图1-1-1）。

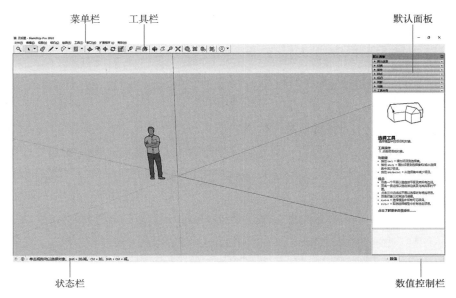

图1-1-1　SketchUp Pro 2022中文版的用户界面

2. SketchUp Pro 2022常用各项设置

（1）系统设置。

点击菜单中"窗口/系统设置"即可进入软件的系统设置界面（图1-1-2）。

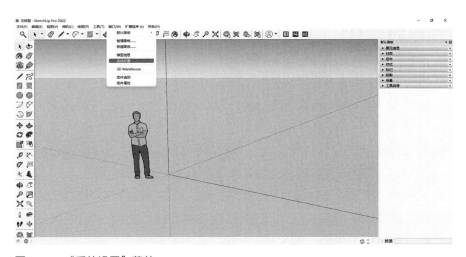

图1-1-2　"系统设置"菜单

城乡规划计算机辅助设计

点击"常规"，默认情况下选项板如图1-1-3所示，其中"创建备份"和"自动保存"可设置文件自动保存时间，能有效避免建模过程中由于忘记保存或软件闪退等导致的需要重新建模的情况发生。该选项板中的选项一般情况下保持默认即可，也可根据自己的需求调整。

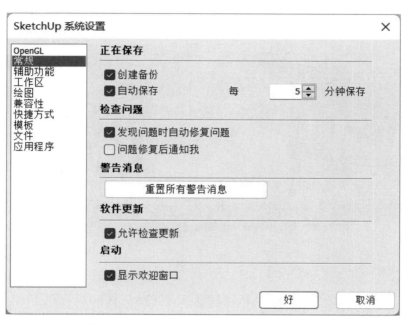

图1-1-3 "常规"选项板

点击"快捷方式"，在这里可根据自己的习惯修改快捷键设置，提高工作效率（图1-1-4）。

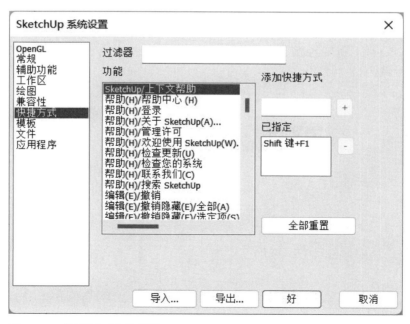

图1-1-4 "快捷方式"选项板

（2）模型信息。

点击"窗口/模型信息"即可进入软件的模型信息界面，查看模型相关信息（图1-1-5）。

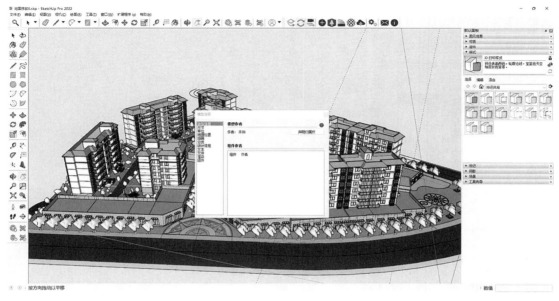

图1-1-5　模型信息

点击"尺寸"，可以设置模型的文本、引线及尺寸（图1-1-6）。

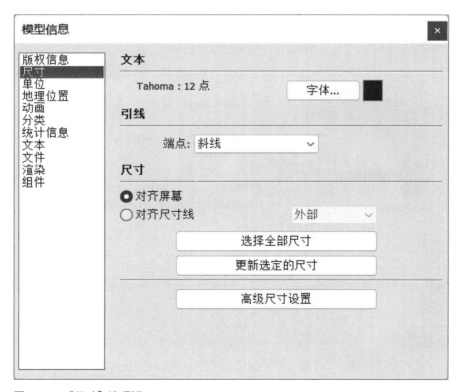

图1-1-6　"尺寸"选项板

点击"单位"，可以设置模型的度量单位和角度单位（图1-1-7）。

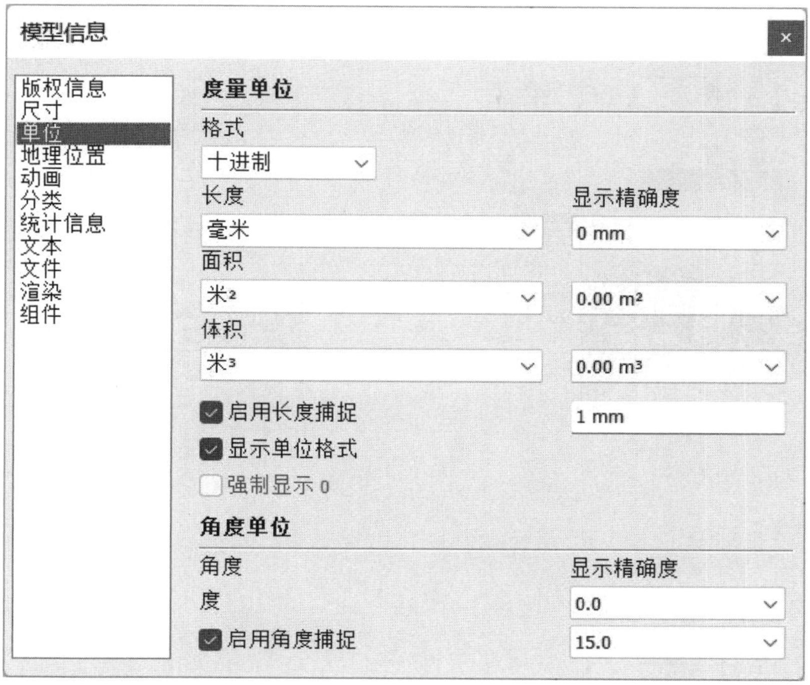

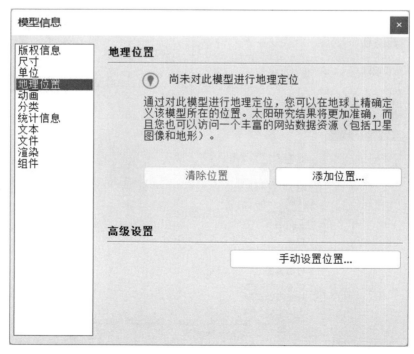

图1-1-7 "单位"选项板

点击"地理位置"，可以对模型进行地理定位，实现真实的日照和阴影效果（图1-1-8）。

图1-1-8 "地理位置"选项板

点击"动画"，可以设置各场景之间转换和暂停的时间（图1-1-9）。

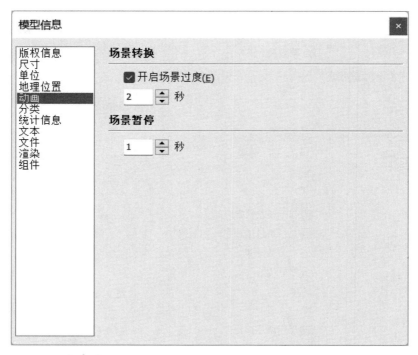

图1-1-9 "动画"选项板

点击"统计信息"，可以看到模型中各个元素的数量，当模型很大，发现软件变卡时，可点击"清除未使用项"和"修正问题"，这样可以有效减轻软件的卡顿（图1-1-10）。

图1-1-10 "统计信息"选项板

点击"文本"，可以设置屏幕文字、引线文字、引线（图1-1-11）。

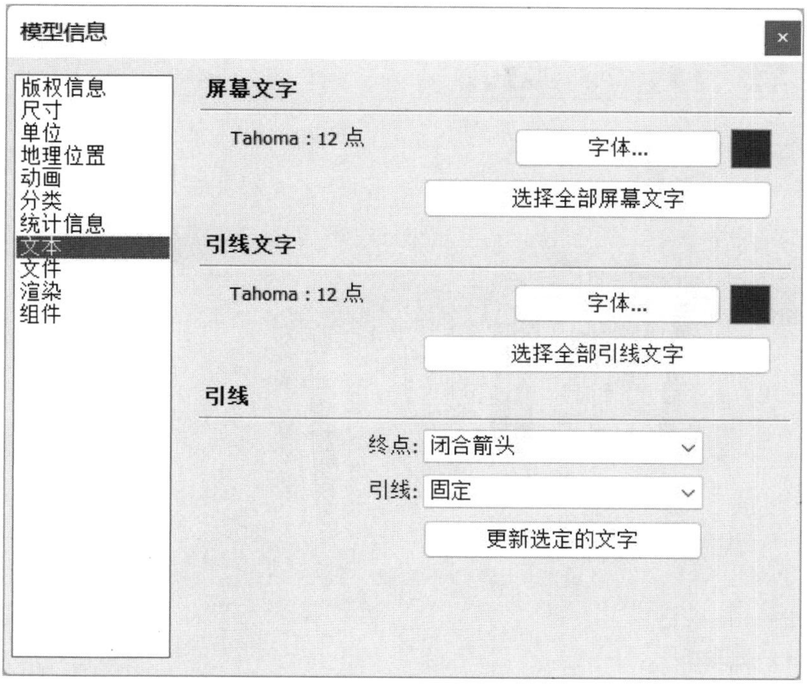

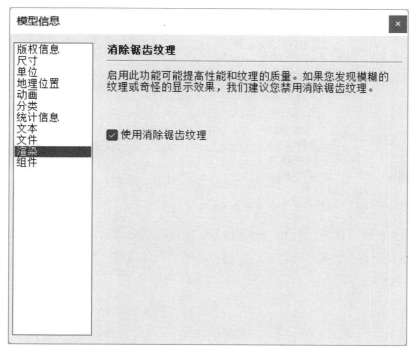

图1-1-11 "文本"选项板

点击"渲染"，可勾选"使用消除锯齿纹理"，能优化模型的显示效果（图1-1-12）。

图1-1-12 "渲染"选项板

点击"组件"，可通过调节滑动条的位置控制组件和模型的其余部分的显隐程度，"显示组件轴线"可以控制组件轴线的显示状态，可根据个人习惯来设置（图1-1-13）。

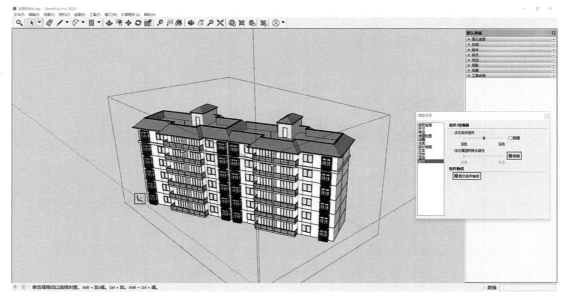

图1-1-13 "组件"选项板

（3）默认面板介绍。

界面右侧为默认面板，包含图元信息、材质、组件、样式、标记、阴影、场景、工具向导（图1-1-14）。

图1-1-14 默认面板

点击模型中的一个图元，打开"图元信息"面板即可看到选中模型信息，标记栏可对选中模型进行图层分类，切换栏可调整选中模型的模式，如隐藏、锁定、不接收阴影和不投射阴影（图1-1-15）。

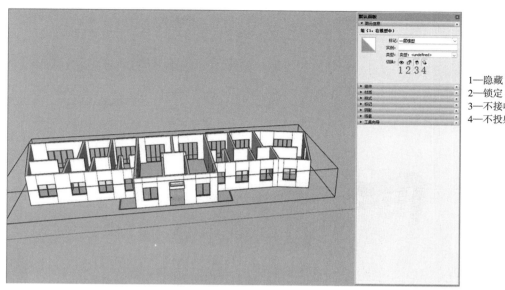

1—隐藏
2—锁定
3—不接收阴影
4—不投射阴影

图1-1-15 "图元信息"选项板

"材质"面板可以选择上色的材质，给选定的面上色，材质可以选择系统自带的，也可以将外部材质文件导入（图1-1-16）。

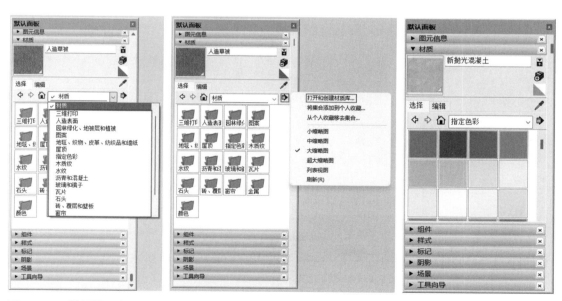

图1-1-16 "材质"面板

"组件"面板可以下载软件中自带的组件模型、选择已在模型中创建的组件或者加载外部组件（图1-1-17）。

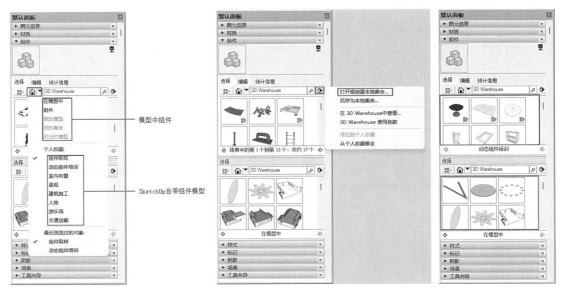

图 1-1-17 "组件"选项板

"样式"面板可以设置SU场景中的显示样式（图1-1-18）。

"标记"面板可以对图层进行排序，控制图层显示与否，设置图层线条的颜色和线型（图1-1-19）。

"阴影"面板可以对模型的阴影参数进行设置（图1-1-20）。

图 1-1-18 "样式"选项板

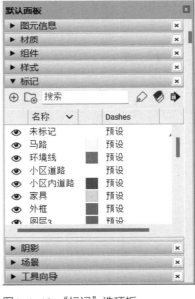

图 1-1-19 "标记"选项板

图 1-1-20 "阴影"选项板

"场景"面板可以进行场景的创建和删除（图1-1-21）。

"工具向导"可以显示所选择工具的操作方法（图1-1-22）。

图1-1-21 "场景"选项板

图1-1-22 "工具向导"选项板

3. SU插件介绍

（1）坯子助手。

"坯子助手"是坯子库收集整理的一套插件集，它包含一系列常用的工具（图1-1-23）。

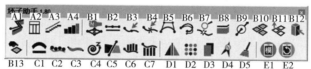

A1—绘制墙体；A2—参数开窗；A3—参数楼梯；A4—梯步推拉；
B1—Z轴压平；B2—修复直线；B3—选连续线；B4—焊接曲线；B5—贝兹曲线；B6—空间曲线；
B7—查找线头；B8—拉线成面；B9—路径垂面；B10—多面偏移；
B11—批量推拉；B12—滑动翻面；B13—快速封面；
C1—形体弯曲；C2—路径阵列；C3—线转柱体；C4—Z轴放样；
C5—模型切割；C6—组件下落；C7—组件置顶；
D1—物体镜像；D2—随机选择；D3—材质替换；D4—太阳北极；D5—模型清理；
E1—坯子模型库；E2—检查更新

图1-1-23 "坯子助手"工具条

①参数开窗：能够在指定面域上设置参数进行开窗（图1-1-24）。

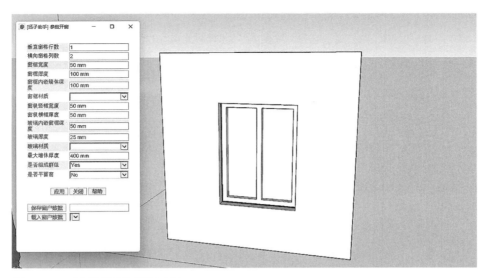

图1-1-24 "参数开窗"运用示例

②参数楼梯：可设置参数快速创建楼梯（图1-1-25）。

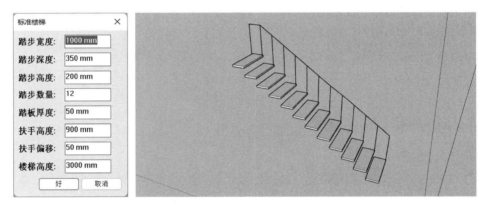

图1-1-25 "参数楼梯"运用示例

③梯步推拉：可按给定间距（默认150mm）递增推拉平面生成阶梯（图1-1-26）。

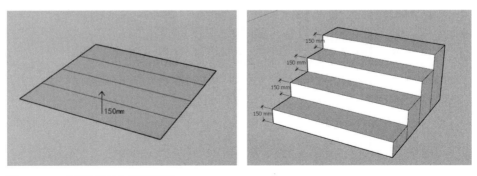

图1-1-26 "梯步推拉"运用示例

④拉线成面：可将直线朝着指定方向进行拉伸成为一个矩形平面（图1-1-27）。

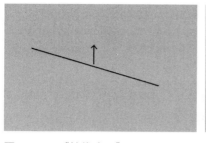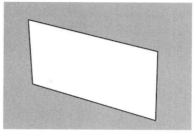

图1-1-27 "拉线成面"运用示例

⑤批量推拉：可选择多个面，朝着指定方向进行批量推拉（图1-1-28）。

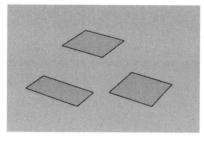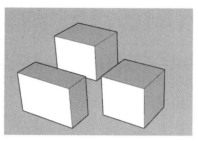

图1-1-28 "批量推拉"运用示例

⑥快速封面：可选择闭合线框进行封面操作（图1-1-29）。

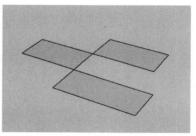

图1-1-29 "快速封面"运用示例

⑦线转柱体：将选择的路径按给定的参数生成圆柱或方柱（图1-1-30）。

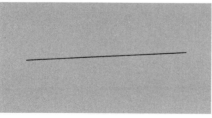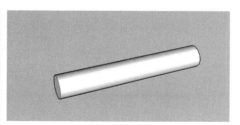

图1-1-30 "线转柱体"运用示例

（2）1001bit pro。

1001bit pro是超级强大的建筑工具集，拥有许多非常实用的功能，如创建楼梯、阵列、屋顶、切割、圆角、延伸、跟随等（图1-1-31）。

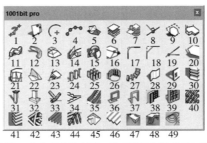

1—两点间综合信息；2—在斜面上，由参考点的水平，垂直距离来定义面上的点；3—寻找圆和圆弧的圆心；4—在线段上分割放置构造点，多种方式可选；5—将所选实体与拾取点对齐；6—将当前选择实体所在图层设置为工作图层；7—将当前选择对象放入新图层；8—绘制一条垂直于已知边或面的直线；9—在由3个定义的平面上绘制面；10—绘制由若干点定义的最佳适合面；11—沿路径放样；12—沿已知路径和截面放样；13—拉伸已知面；14—推拉已知面到目标平面；15—由已知边创建放置面；16—移动实体上的端点；17—给2条边倒圆角；18—给2条边倒切角；19—延伸线段到另一条边或面；20—根据距离和方向创建偏移线段；21—在同一水平面上分割连续的面；22—由已知边以固定距离自动创建斜坡或斜坡路径；23—多重缩放工具；24—在直线方向阵列群组或组件；25—在二维方向阵列群组或组件；26—在螺旋方向阵列；27—由已知路径阵列群组或组件；28—创建不同类型的垂直墙体；29—在垂直墙体上开洞，可以自定义截面；30—在选定的面上创建水平凹槽；31—创建柱子；32—创建基础；33—将路径转换为实体；34—创建楼梯；35—创建自动扶梯；36—创建窗框；37—创建门框；38—选择预置门窗框；39—分隔已选面；40—创建栅格，多孔表面，可以自定义开口截面；41—在选定的面上创建百叶；42—由平面上的路径创建不同截面的实体；43—在已选面上创建椽条；44—自动创建椽条檩条；45—自动创建坡屋顶；46—创建金属屋面板；47—在地形上创建贴印水平面；48—在地形上垂直投影边线；49—创建等高线

图1-1-31　1001bitpro

①自动创建坡屋顶：可选择一个平面，设置参数，一键生成坡屋顶（图1-1-32）。

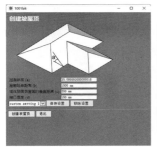
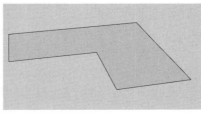
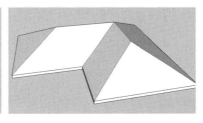

图1-1-32　"创建坡屋顶"运用示例

②自动创建檩条：选择需要创建檩条的平面，使用自动创建檩条工具即可一键创建出檩条（图1-1-33）。

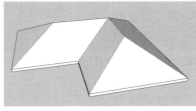
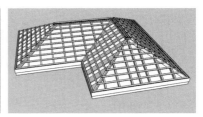

图1-1-33　创建屋顶檩条运用示例

（3）栏杆和楼梯插件。

栏杆和楼梯插件可快速创建各种栏杆和楼梯模型，是一款比较实用的插件，其工具条如图1-1-34所示。

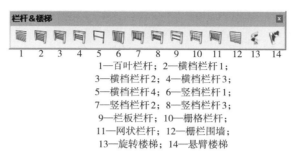

1—百叶栏杆；2—横档栏杆1；
3—横档栏杆2；4—横档栏杆3；
5—横档栏杆4；6—竖档栏杆1；
7—竖档栏杆2；8—竖档栏杆3；
9—栏板栏杆；10—栅格栏杆；
11—网状栏杆；12—栅栏围墙；
13—旋转楼梯；14—悬臂楼梯

图1-1-34 "栏杆和楼梯"工具条

选择一条路径，点击需要创建栏杆的类型，设置参数即可快速创建栏杆（图1-1-35）。

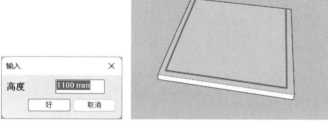

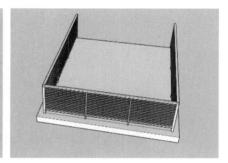

图1-1-35 创建栏杆示例

1.2 Enscape

1.2.1 概述

Enscape渲染器最早应用在Revit，后来兼容了SU、Rhino等平台。由于这个渲染器具有面板简洁、操作简单、出图快速等特点，被广大设计师和SU爱好者喜欢。该渲染器主要适用于各类建筑、规划、景观以及室内设计等工作，最主要的特点是实时渲染，几秒即可出图，为设计师节省大量的时间，使工作效率大大提高。

1.2.2 基本功能简介

图1-2-1所示为Enscape的工具面板。

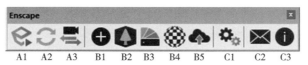

A1　　A2　　A3　　B1　　B2　　B3　　B4　　B5　　C1　　C2　　C3

A1—启动Enscape；A2—实时更新；A3—同步视图；
B1—Enscape对象；B2—资源库；B3—Enscape材质库；B4—Enscape材质编辑器；B5—上传管理
C1—常规设置；C2—反馈；C3—关于

图1-2-1　Enscape工具面板

启动Enscape：点击该选项会打开渲染窗口（图1-2-2）。

图1-2-2　渲染窗口

渲染窗口右上角有一组工具栏，从左到右分别为小地图、安全框、选择投影模式、导航模式、虚拟现实头戴设备、视觉设置、Enscape窗口设置、帮助（图1-2-3）。

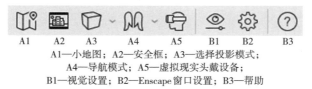

A1　　　A2　　　A3　　　A4　　　A5　　　B1　　B2　　B3
A1—小地图；A2—安全框；A3—选择投影模式；
A4—导航模式；A5—虚拟现实头戴设备；
B1—视觉设置；B2—Enscape窗口设置；B3—帮助

图1-2-3　工具栏

点击"小地图"，即可打开场景地图，通过它可以在较大的场景中快速移动视图（图1-2-4）。

小地图

图1-2-4 "小地图"导航

点击"安全框"，可以看到将要输出的视图范围（图1-2-5）。

图1-2-5 输出视图范围显示

点击"选择投影模式"可选择透视效果，如透视视图、两点透视、正交视图。

点击"导航模式"可选择在场景中是行走还是飞行。

点击"视图设置"可对场景进行各项效果设置（图1-2-6）。

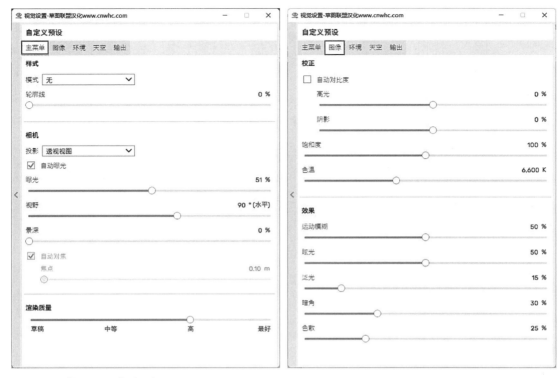

图1-2-6 "视图设置"选项板

点击"Enscape窗口设置"可以自定义软件的启动界面，还可以设置灵敏度等参数（图1-2-7）。

图1-2-7 "Enscape窗口设置"选项板

点击"帮助"可打开帮助界面，看到各项基础操作（图1-2-8）。

在渲染窗口左上角有一组工具栏，分别为主页模式、协同注释、BIM模式、视图管理、资源库、场地模型、视频编辑器、渲染图像、批量渲染、单一全景、Exe独立文件格式（图1-2-9）。

"主页模式"可关闭掉左侧所有工具栏；"协同注释"可为场景添加一些注释信息，标注在模型中相应位置；"BIM模式"可以展示模型中的BIM信息，而一般SU模型不包含BIM信息，了解即可；"视图管理"与SU中的场景是相关联的，Escape会读取SU中的视图场景，反之亦然；"资源库"包含大量的配景素材，可以为场景添加树木、家具等模型（图1-2-10）。"视频编辑器"可以直接在Enscape视口中创建简单的视频。

图1-2-8 "帮助"选项板

A1 A2 A3 A4 A5 A6 A7 B1 B2 B3 B4

A1—主页模式；A2—协同注释；A3—BIM模式；A4—视图管理；A5—资源库；
A6—场地模型；A7—视频编辑器；
B1—渲染图像；B2—批量渲染；B3—单一全景；B4—Exe独立文件格式

图1-2-9 Enscape工具栏

图1-2-10 "资源库"面板

"场地模型"可以快速获取指定区域的场地模型，点击添加场地模型会弹出一个地图窗口，输入需要的地区地图进行搜索，框选要生成地图模型的部分（图1-2-11），点击生成既可得到该地区的场地模型（图1-2-12）。

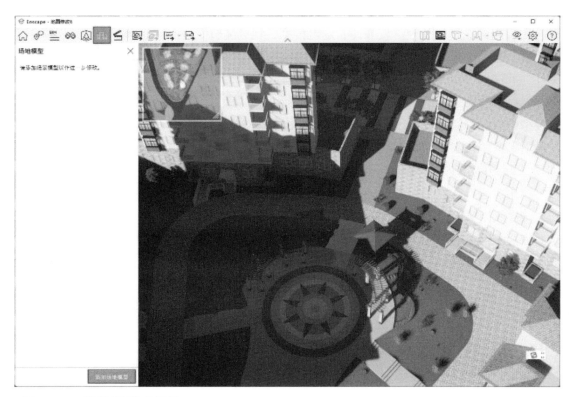

图1-2-11　"场地模型"的运用

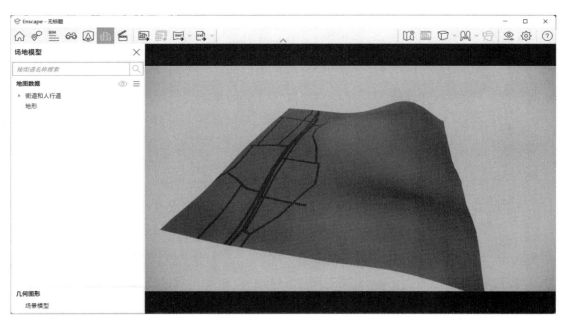

图1-2-12　生成的场地模型

"渲染图像""批量渲染""单一全景""Exe独立文件格式"皆是将渲染图导出的选项，"渲染图像"可以对当前图纸进行渲染得到效果图；"批量渲染"可以将多个场景进行批量渲染；"单一全景"可以导出场景全景图，在上传管理中可以查看渲染好的全景图；"Exe独立文件格式"可以导出一个类似于游戏场景的文件，在场景中游走查看方案的所有细节。

实时更新：启用它，在模型文件中的编辑操作会实时反馈到渲染窗口中，包括物体的移动复制及材质编辑。

同步视图：启用它，渲染窗口会与模型界面保持同步，可根据需要选择开启。

常规设置："硬件特性"中的几个选项都是用于优化渲染的，建议全部勾选。"网络"与"偏好"保持默认即可（图1-2-13）。

图1-2-13 "常规设置"选项板

1.3 Lumion

1.3.1 概述

Lumion是由荷兰的Act-3D公司通过Quest 3D软件平台开发的新一代三维可视化设计软件。Quest 3D软件在操作方面技术要求较高，往往需要专业人士才能熟练掌握该软件。Lumion相对于Quest 3D来说更容易上手，并且涵盖了Quest 3D的大量功能，因此，Lumion已经逐渐成为建筑、规划、景观等多个领域的设计师实现三维展示的第一选择。

Act-3D公司于2010年11月首次发布了Lumion，经过多次迭代升级，2022年发布Lumion 12版本。该版本目前拥有树木和植物插件、人与动物插件、电影效果插件、特殊效果插件和环境及天气插件；基于物理属性的材质及材质调制界面；更多的艺术效果（蜡笔、影铅素描、蓝图模式、增强剖面显示等）；全新的工作流程（可以批量设置大量的人群和移动整体的区域物体，可以同时出100张渲染静止图片，更快的渲染速度和渲染等级选择，可同时剪辑不同场景的序列动画等）；全新的体积光效果，增强的室内hyperlight照明模式；更加逼真的人物皮肤表现；更加迷人的水面真实折射和反射效果等。Lumion 12还新增了更多的素材库，支持更多3D程序模型的输入。

Lumion有以下主要特点。

1. GPU即时渲染技术

与其他渲染软件相比，Lumion是为数不多的采用图形处理单元（Graphics Processing Unit，GPU）渲染的商用软件，具有即时显示的功能，无须渲染，即可得到最终的效果图。

2. 内置大量素材

Lumion中内置了大量的素材，包括自然场景、动植物、人物、交通工具、灯光等多种素材。通过自然天气参数的设置，以及多种素材的添加和模拟，Lumion可为用户在短时间内创造较好的视觉效果。

3. 提供多种材质

Lumion中提供了10种自定义材质类型及600多个内建的材质类型，丰富的材质种类使画面变得更为逼真。

4. 兼容多种格式文件

Lumion兼容了SU、3DS Max等多种软件的DAE、SKP、FBX、MAX、3DS、OBJ、DXF、KMZ格式，同时也支持DDS、HDR、JPG、PNG、PSD、TGA等格式的导入。

5. 制作动画

Lumion除了具有渲染功能外，还可以制作动画和静帧作品，它可以输出AVI、BMP、MP4等格式的视频以及各种尺寸的静帧图。

1.3.2 SU组合Lumion辅助城市规划设计

SU是现在较为流行且非常容易上手的三维建模软件，但是它在材质、灯光等方面的处理上无法尽如人意。Lumion作为新一代GPU即时渲染软件，提供了材质、配景、灯光和特效等后期处理手段，但缺少前期建模工具。令人庆幸的是，Lumion可以直接导入".skp"文件，通过组合两者进行规划设计，即利用SU建模，进一步使用Lumion来表现设计效果，可充分发挥两者的强项，规避两者的弱点。可以预期，未来的城市规划辅助设计极有可能是通过SU组合Lumion来实现的。

1.3.3 软件界面及场景基本操作

1. Lumion的初始界面

双击"Lumion 12"图标，启动后进入Lumion 12初始界面，也称主界面（图1-3-1）。下面以语言设置为中文的Lumion 12为例，介绍Lumion的界面。初始界面包含6个选项卡和1个设置按钮、1个帮助按钮，分别是"创建新的""输入范例""基准""读取""保存"和"另存为"选项卡（"保存"和"另存为"需要进入场景才可使用），以及在窗口右下角有"设置"和"悬停帮助"2个按钮（图1-3-2）。

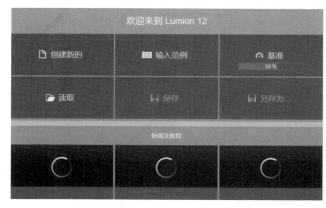

图1-3-1　Lumion 12初始界面

图1-3-2　Lumion 12初始界面右下角"设置"按钮

2."基准"选项卡

点击"基准"选项卡——运行基准测试（或重新运行基准测试）：

Lumion将对硬件进行测试，看硬件是否满足运行要求，并生成"基准测试结果"窗口（图1-3-3~图1-3-5）。

图1-3-3　查看"基准测试结果"

图1-3-4 生成"重新运行基准测试"

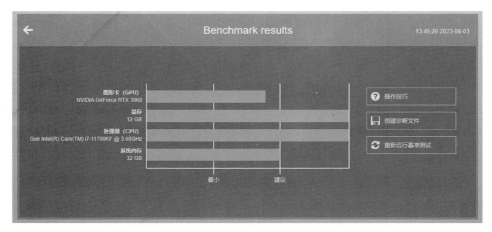

图1-3-5 生成"基准测试结果"

3."设置"按钮

单击初始界面右下方"设置"按钮,进入"设置"面板(图1-3-6)。通过该面板,可对软件的图像质量、分辨率、输入、系统等进行设置。

(1)"图像"设置。

单击"图像"图标,即可对软件图像方式进行设置(图1-3-6)。

图1-3-6 "设置"面板的"图像"设置

①编辑器质量：图形质量即图形显示的效果。

②编辑器分辨率：限制所有纹理尺寸为512×512，为大场景或低性能显卡节省内存。图像分辨率的调节也是对画面显示效果的调节，将降低系统耗费的内存，提高计算机运行速度，从而使操作更为流畅。选择"自动"选项时，Lumion会自动根据用户计算机配置的情况，选择合适的图像分辨率。

③使用替代物：有"开""关""自动"三个命令选项，选择"开"则以替代物为场景节省显卡内存，但画面中植物等显示效果变为体块，会影响场景直观感受，建议关闭。

④高质量的树木：在编辑模式下显示高质量的树和草地，该按钮被激活后将提高编辑模式下植物的显示效果，一般适用于配置较高的计算机。

（2）"输入"设置。

该设置中可以调用外部书写板（图1-3-7）。

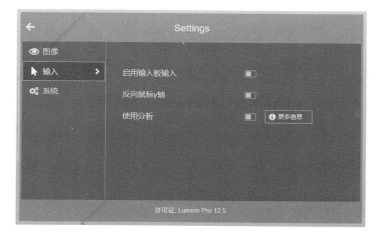

图1-3-7 "设置"面板的"输入"设置

（3）"系统"设置。

此项可以设置单位为英制或公制（图1-3-8）。

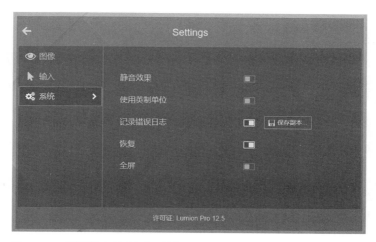

图1-3-8 "设置"面板的"系统"设置

4.创建新项目

初始界面中单击"创建新的"按钮，进入"创建新项目"选项卡，其中包含9种不同天气和地形的自然场景，单击任一自然场景，即可建立基于所选自然场景的新场景（图1-3-9）。

图1-3-9 "创建新项目"选项卡

5.输入范例

单击"输入范例"按钮，进入"输入范例"选项卡，其中包含9个不同类型的案例场景，单击任一场景，即可加载该场景并进行编辑或作为学习材料（图1-3-10）。

图1-3-10 "输入范例"选项卡

6.读取

单击"读取"按钮，进入"加载项目"选项卡，点击其所包含的任一场景，即可进入曾经创建并保存过的场景。如需删除曾经保存过的一些场景，应将光标移动至该场景右上角的"删除"按钮，双击鼠标左键即可（图1-3-11）。

图1-3-11 "加载项目"选项卡

7.保存场景

场景编辑完成后如需保存或另存为，可单击"保存"或"另存为"按钮，此时界面进入"保存场景"选项卡，在指定路径中输入文件名称即可完成储存。

1.4 Photoshop

1.4.1 概述

Photoshop软件是Adobe公司旗下最为出名的图像处理软件之一，它不仅可以进行出色的图像处理与合成，还可以运用其中的画笔工具、图层混合模式、色阶命令、色相饱和度命令等多种功能进行作品绘制。而且Photoshop在日常平面图设计中也是利用率很高的软件，在制作建筑效果图包括许多三维场景时，人物与配景包括场景的颜色常常需要在Photoshop中增加并调整。

1990年Adobe Photoshop 1正式诞生，后陆续迭代到7版本。2003年将新发布的版本以Adobe Photoshop CS命名，再次迭代至CS6。2013年7月，新版本第二次修改命名方式为Adobe Photoshop CC，后经历了CC 2014……CC 2021，直到发布Adobe Photoshop CC 2022。

1.4.2 色彩的基本认识

在正式学习Photoshop（以下简称PS）之前，我们先来学习一些Photoshop在色彩方面的知识。

1.颜色模式

PS中的颜色模式有以下几种。

①RGB颜色：在电子产品如手机、计算机等屏幕中显示的颜色是由红（Red）、绿（Green）、蓝（Blue）3种基本颜色按照不同的配比来表现的，其中R、G、B这3种最高数值均为255，这样就可以呈现256×256×256，共16777216种颜色。通常用于处理照片和图片。

②CMYK颜色：由青色、洋红色、黄色、黑色4种色彩通过不同的配比来表现颜色。CMYK颜色也被称为印刷颜色模式。通常用于印刷品如海报、书籍等的设计。

③Lab颜色：是最接近真实世界颜色的一种模式，但它只是一种理论的颜色，没有可以输出的设备，因此可以先用Lab模式编辑图像，再转化成RGB或者CMYK模式进行输出。

④HSB模式：按照色相（H）、饱和度（S）、亮度（B）来定义颜色，主要基于人眼对颜色的感觉，是一种调节色彩比较好的模式。

2.颜色的拾取

如图1-4-1所示，PS的调色板和拾色器，可以通过点击拾色器上的颜色或者通过调整数据来获取需要的颜色。

图1-4-1　拾色器和调色板

1.4.3 软件界面及场景基本操作

1.工作界面

PS的工作界面和其他软件一样，有标题栏、菜单栏、工具栏、浮动调板、状态栏、图像编辑窗口（图1-4-2）。

图1-4-2　Photoshop工作界面

（1）标题栏。

标题栏位于主窗口顶端，最左边是PS标记，右边分别是最小化、最大化/还原和关闭按钮。

（2）菜单栏。

菜单栏为整个环境下所有窗口提供菜单控制，包括文件、编辑、图像、图层、选择、滤镜、视图、窗口和帮助9项。PS中通过两种方式执行所有命令，一是菜单，二是快捷键。

（3）图像编辑窗口。

中间是图像编辑窗口，它是PS的主要工作区，用于显示图像文件。图像编辑窗口带有自己的标题栏，提供了打开文件的基本信息，如文件名、缩放比例、颜色模式等。若同时打开两幅图像，可通过单击图像编辑窗口进行切换。图像编辑窗口切换可使用快捷键"Ctrl+Tab"。

（4）工具栏。

工具栏位于主窗口左侧，工具栏中的工具可用来选择、绘画、编辑以及查看图像。单击可选中工具，移动光标到该工具上属性栏会显示该工具的属性。基本每个工具都有自己的快捷键。有些工具的右下角有一个小三角形符号，这表示在工具位置上存在一个工具组，其中包括若干个相关工具。

（5）状态栏。

状态栏位于主窗口下侧，包含4个部分，分别为图像显示比例、文件大小、浮动菜单按钮及工具提示栏。

（6）浮动调板。

主窗口的右方是浮动面板区域。浮动面板是PS中非常重要的辅助工具，它为图形图像处理提供了各种各样的辅助功能。每个浮动面板都可以用鼠标进行拖拽，随意放置在符合个人工作习惯的地方。

2.新建图像

在画图之前，首先要新建图纸，PS中图像的清晰度是在画图之前确定的，可通过点击PS初始界面内的"新建"选项（图1-4-3），或者按快捷键"Ctrl+N"打开文档创建窗口（图1-4-4），设置合适的图纸尺寸以及分辨率，确定创建图纸。

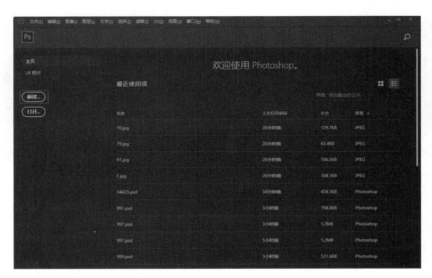

图1-4-3　新建文档1

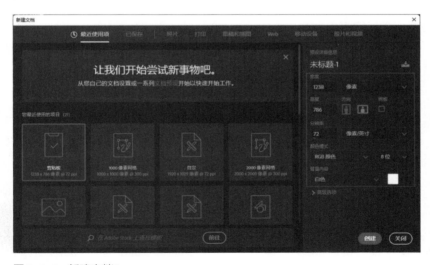

图1-4-4　新建文档2

3.工作环境的设置

①PS在处理图像时常会出现虚拟内存过低的提示，这是因为PS在处理图像的过程中需要计算大量的数据，这就要求计算机有很大的磁盘空间。PS会在硬盘上开辟暂存盘空间供虚拟内存使用。可使用快捷键"Ctrl+K"或通过"编辑—首选项—性能"设置暂存盘空间大小（图1-4-5）。

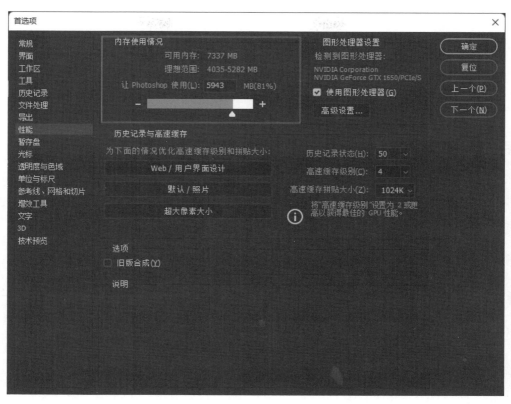

图1-4-5 "首选项"选项板

②PS功能较多，当功能窗口过多时，会导致工作区受到遮挡影响画图，这时就可以通过点击"窗口—工作区"设置合适的画图环境，可控制工具的显示或关闭，也可通过它恢复工作区的基本功能（图1-4-6）。

图1-4-6 "工作区"设置功能

4.文件的相关操作

（1）新建画布（快捷键"Ctrl+N"）。

通过在菜单栏内点击"文件—新建"进行画布创建，也可采用快捷键"Ctrl+N"。"新建文档"面板右侧可进行画布大小、分辨率、颜色模式和背景内容的预设（图1-4-7）。

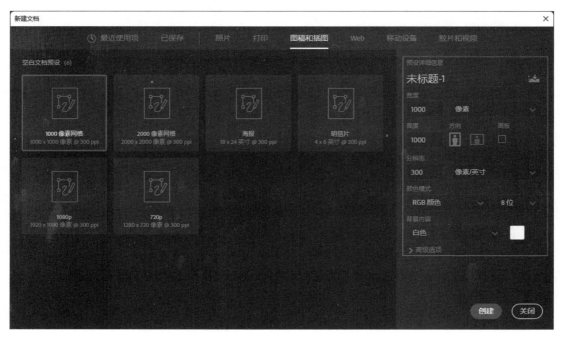

图1-4-7　"新建文档"选项板

（2）打开文件。

可通过点击菜单栏内"文件—打开"选择需要打开的文件，也可通过拖拽文件至工作界面或PS图标上打开。

（3）保存。

保存文件的格式可有多种选择，PSD、JPG、PNG是常用的格式，PSD格式的特点是可以保留图层等信息，方便下次修改，但文件较大；JPG格式的特点是不能保留图层等信息，但文件小巧；PNG格式为透底图，背景是透明的。保存命令的快捷键是"Ctrl+S"。

（4）另存为（快捷键"Ctrl+Shift+S"）。

5."图层"的基本运用

"图层"是PS一个十分重要的工具。图层就像多张贴图按照一定的顺序进行排列，上方图层上的图像会遮盖下方的图像，可以用鼠标左键拖动图层上下移动，以改变图层的排列顺序，如图1-4-8所示为其面板功能。

图层的其他知识：

①图层面板默认会有一个填满底色的名为"背景"的图层，且该图层处于锁定状态，无

法编辑，可点击锁标解除锁定，这样该图层就与其余图层一样。

②图层面板底端一排按钮分别为链接图层、添加图层样式、添加图层蒙版、创建新的填充或调整图层、创建新组、创建新图层和删除图层。

③在进行任何操作之前，要先选择需要修改内容所在图层，被选中的图层为浅灰色。

A1—像素图层过滤器；A2—调整图层过滤器；A3—文字图层过滤器；A4—形状图层过滤器；A5—智能对象过滤器；
B1—链接图层；B2—添加图层样式；B3—添加图层蒙版；B4—创建新的填充或调整图层；B5—创建新组；
B6—创建新图层；B7—删除图层；C1—当前图层；C2—背景图层

图1-4-8 "图层"选项板

6.基本绘图工具介绍

"绘图"工具条上的工具功能如下（图1-4-9）。

1—移动工具；2—矩形选框工具；3—套索工具；4—魔棒工具；5—裁剪工具；6—图框工具；7—吸管工具；
8—修补工具；9—画笔工具；10—仿制图章工具；11—历史记录艺术画笔工具；12—橡皮擦工具；13—油漆桶工具；
14—涂抹工具；15—减淡工具；16—钢笔工具；17—文字工具；18—路径选择工具；19—矩形工具；20—抓手工具；
21—缩放工具；22—编辑工具栏

图1-4-9 "绘图"工具条介绍

①移动工具：选取需要移动的图层，使用"移动"工具可对该图层位置进行拖动。

②矩形选框工具：该工具包含"矩形选框工具""椭圆选框工具""单行选框工具"和"单列"。用鼠标拖动可选取目标对象，**"Ctrl+D"**为取消选区快捷键，可以删除当前选区。

③套索工具：包含"套索工具""多边形套索工具"和"磁性套索工具"，可根据需要选择不同的套索工具。

④魔棒工具：包含"快速选择工具"和"魔棒工具"，可以选取色彩类似的图像区域。

⑤裁剪工具：裁剪或扩展图像的边缘。

⑥图框工具：为图像创建占位符图框。

⑦吸管工具：可以拾取图像中的颜色。

⑧修补工具：包含"污点修复画笔工具""修复画笔工具""修补工具""内容感知移动工具"和"红眼工具"。可以根据实际情况选择不同的工具对图像进行修补。

⑨画笔工具：选择此工具可沿鼠标路径绘制线条，按住"Shift"键可绘制水平或垂直的直线。

⑩仿制图章工具：按住"Alt"键吸取图像，可在其他位置画出与选取位置一致的图像。使用方法与修复画笔一致，可以无损仿制图像。

⑪历史记录艺术画笔工具：通过来自图像早期状态的像素绘制装饰描边。

⑫橡皮擦工具：可将像素变成背景颜色或变透明。

⑬油漆桶工具：可为选定区域填充指定颜色。

⑭涂抹工具：软化或涂抹图像中的颜色。

⑮减淡工具：可以调亮图像中的区域。

⑯钢笔工具：可以通过控制点的位置更改路径或形状。

⑰文字工具：用来为图像添加文字。

⑱路径选择工具：可以选择整个路径。

⑲矩形工具：可以用来绘制矩形。

⑳抓手工具：可以在图像的不同位置间平移。

㉑缩放工具：放大或缩小图像的视图。

7."图像"菜单

"图像"菜单包含对图像模式的修改，调整图片的所有命令、画布的大小、图像、变换的控制以及一些重要的功能（图1-4-10）。

图1-4-10 "图像"菜单

（1）模式。

可切换不同的图像模式，包含位图、灰度、双色调、索引颜色、CMYK颜色、RGB颜色、Lab颜色、多通道。8位通道属于常规设置，16位通道能产生较好的色泽，但是不能编辑。

（2）调整。

可调整图片的色彩、明暗度等。

①色阶：调节图像的对比度以及明暗度，可使用快捷键"Ctrl+L"。

②曲线：效果和色阶类似，可以拖动曲线调整图像的对比度、明暗度。

③色彩平衡：可以较为直观地对图片加各种颜色。

④亮度与对比度：调整图像的亮度与对比度。

⑤通道混合器：通过这个命令对某通道单独调整。

⑥去色：将图片颜色去掉，显示为灰色。

⑦反相：将图片中的颜色变为相反的颜色。

⑧色调均化：对当前图片进行颜色平均。

⑨色调分离：对图片按指导的级别进行分离。

（3）自动色调。

可自动调节色阶，快捷键为"Ctrl+Shift+L"。

（4）自动对比度。

自动调节图像对比度，快捷键为"Ctrl+ Shift+Alt+L"。

（5）复制。

复制当前选中目标。

（6）图像大小。

对图片的大小、分辨率进行改变。

（7）画布大小。

对画布大小进行调整。

（8）图像旋转。

对整个图像进行旋转。

（9）裁剪。

对整个图像进行裁剪，只保留框选中的部分。

（10）裁切。

可将图层的一些透明区域进行删除。

1.5　InDesign

1.5.1　概述

InDesign（以下简称ID）是Adobe公司官方制作的用于印刷和数字媒体的一款排版和页面

设计软件，并于1999年9月1日发布。

作为一款专业的排版设计软件，ID具有PS等设计软件所不具有的排版整体功能，它可以帮助设计专业的学生更好地完成课程作业，展示设计成果。ID是实现创意的工具软件，应熟练掌握其核心功能，并将这些功能与实际需求结合起来，以事半功倍地完成课程设计作业。

作为专业的排版设计软件，ID与其他排版设计软件相比具有以下明显的特点：

①ID与常用的设计、制图软件CAD、PS等同为Adobe公司的产品，所以格式都是兼容的，具有相似的工作区操作界面，易于上手。

②ID适用于多种场合，如图书、杂志、画册、海报、展板等的排版设计到最后的打印输出。

③学生在完成课程设计内容进行排版设计时，很多时候会使用PS，但是PS是一款图片处理软件，用PS来排版会很烦琐，最大的问题是在高质量打印精度（300 DPI以上）下，文件会极大，对计算机要求较高；而ID排版中的图片（位图）可以以链接的方式存在，文档占用空间较小。

④专业的PDF输出设置：ID提供了多重专业的PDF输出设置，如电子书籍、屏幕显示、打印、印刷以及PDF各类版本格式的选择。这使ID软件排版完成后，可以以体积极小的高质量PDF出图。

1.5.2 软件界面及基本功能

1.开始界面

在这里，将对ID软件的窗口进行整体的介绍，让大家在正式使用前熟悉工作场所，还可以根据个人习惯整理好各种工具、区域，以便更好操作。

在打开ID软件时，出现的登录界面如图1-5-1所示，可以直接单击"新建"图标创建新文档，也可以点击"文件"菜单栏创建新文档。

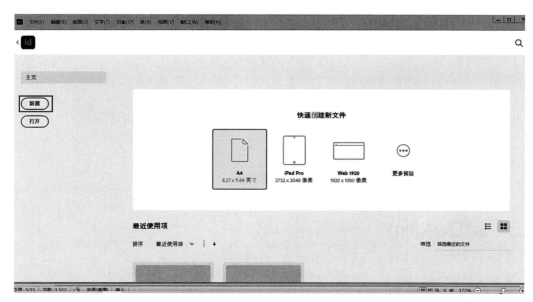

图1-5-1 ID软件打开界面

在"新建文档"对话框中根据需要设置文档"尺寸""方向"等参数（图1-5-2）。一般来说，当规划设计成果展示形式为展板、海报时，可选用单页，即单独的一个页面，如果需要有跨页的画面，可以选择对页。

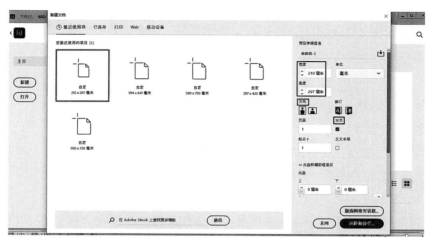

图1-5-2 "新建文档"参数设置框

在这里有一个"出血"设置，这是基于成品按尺寸打印或印刷时所预留的裁减误差范围，四边留有出血位的文档会避免裁剪误差，常规设置为3毫米（图1-5-3）。

2.工作界面

上述设置完成后，就进入操作界面（图1-5-4），这个界面与PS界面非常相似，可以在中间的工作区进行文档的操作编辑。

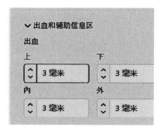

图1-5-3 "出血"设置

菜单栏　　　　　控制面板　　　　工作区

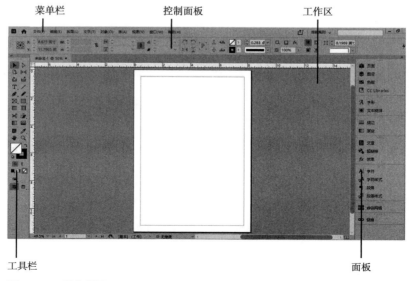

工具栏　　　　　　　　　　　　　　面板

图1-5-4 操作界面

（1）菜单栏。

界面顶部是菜单栏，面板中的所有选项在菜单栏中都能找到，包括文件菜单、编辑菜单、版面菜单、文字菜单、对象菜单、表菜单、视图菜单、窗口菜单和帮助菜单（图1-5-5）。

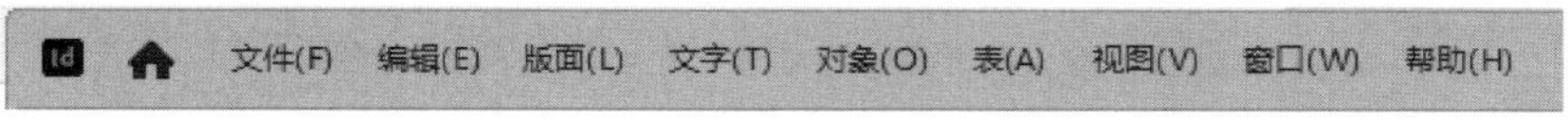

图1-5-5　菜单栏

①"文件"：主要是新建、打开、存储、关闭、导出及打印文件等功能。

②"编辑"：主要是复制、粘贴、查找/替换、键盘快捷键及首选项等功能。

③"版面"：主要提供版面大小的调整、页码设置等功能。

④"文字"：主要为字体、字号、字距及行距等文字操作的选项。

⑤"对象"：主要为图形、图像添加效果，以及对象叠放顺序的调整操作等。

⑥"表"：表格的各种设置。

⑦"视图"：调整是否显示文档中的参考线、框架边缘、基线网格、文档网格、版面网格、框架网格及栏参考线等功能。

⑧"窗口"：主要用于打开各种选项的面板。

（2）工具箱。

界面左边是工具箱，同样与PS相似，但放置的工具与PS同，有许多为版面设计定制的工具，如框架工具（可以简单地理解为存放文字、图片的容器，如画框）等（图1-5-6）。

1—选择工具；2—页面工具；3—内容收集器工具；4—文字工具；5—铅笔工具；6—矩形框架工具；7—水平网格工具；8—剪刀工具；9—渐变色板工具；10—附注工具；11—抓手工具；12—直接选择工具；13—间隙工具；14—内容植入器工具；15—直线工具；16—铅笔工具；17—矩形工具；18—垂直网格工具；19—切边工具；20—渐变羽化工具；21—吸管工具；22—缩放显示工具

图1-5-6　工具箱

（3）控制面板。

在菜单栏下面是"控制面板"，常用于对对象、字符、段落等当前工具和选中项进行参数设置（图1-5-7）。

（4）面板。

在ID软件操作界面的右侧是选择面板区域，会看到若干组面板缩进在一起，这些是只显示其选项卡和标题栏的"折叠"面板，可以在方便操作的情况下节约界面空间（图1-5-8）。它提供特殊属性的设置，如可以设置文本、填充/描边颜色、图层、字符/段落样式等，在窗口菜单中可以自定义面板的特定项。

图1-5-7 控制面板

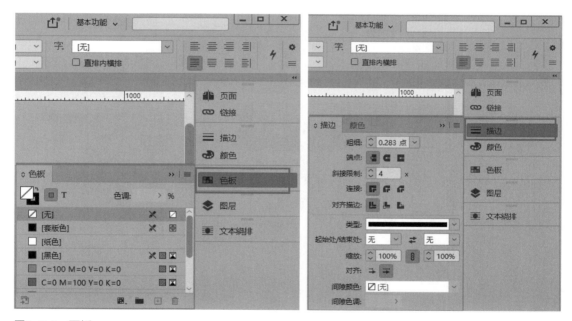

图1-5-8 面板

（5）状态栏。

在ID操作界面的最下面是状态栏，它承担着页码的导航和印前检查任务，印前检验在印刷过程中起着非常重要的作用，如文件中出现字体缺失或图片链接失效时，状态栏会亮起红灯，提醒版主或印刷商进行修改，避免出现严重的印刷错误（图1-5-9）。

图1-5-9 状态栏

3.常用基本功能

（1）屏幕模式。

ID软件中常用的屏幕模式有3种：正常视图模式、预览视图模式、出血视图模式

（图1-5-10）。

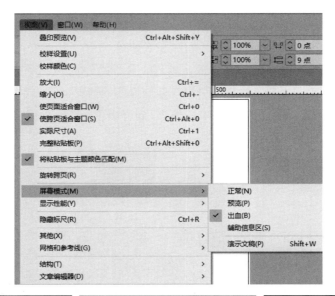

正常视图模式

预览视图模式

出血视图模式

图1-5-10　屏幕模式菜单

①"正常"视图模式：在这种模式下会显示全部内容，包括出血和非打印内容，该模式适用于编排图文时。

②"预览"视图模式：该模式下会模拟显示最终成品，出血和非打印对象则不会显示，适用于查看文件效果。

③"出血"视图模式：在模拟显示最终成品时，还会显示出血区域，可以检查是否为避免装订、裁剪不当而留出扩展区域。

（2）图层。

ID中的图层和PS中的图层一样，就像一张透明的纸，一个图层就是一张纸，多个图层就相当于多张透明的纸叠放在一起。比如，图1-5-11将文字和图件分成了简单的两个图层，可以锁定或隐藏，更多的时候没有必要设置多个图层，保持默认即可，所有内容都会在一个图层里。

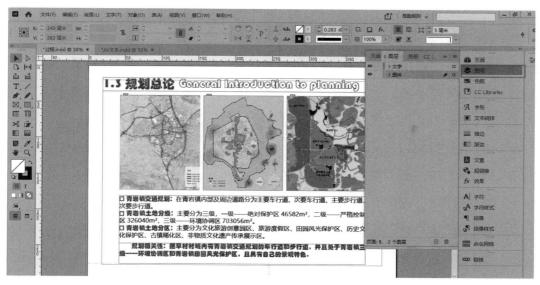

图1-5-11　图层面板

（3）页面。

主页主要用来在多页文本中设置页眉，我们可以把每页需要重复出现的内容设置在主页上，然后把主页应用于页面，主页的内容就会出现在所有页面相同的位置，是ID为方便排版而设置的面板。与PowerPoint做类比，主页即幻灯片母版，而页面下方的实际页面是普通视图下的一张幻灯片。二者之间不会相互影响，可以独立修改（图1-5-12）。

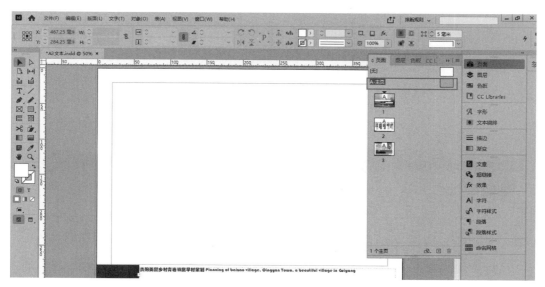

图1-5-12　页面面板

（4）文档打包。

前面我们说过，用ID排版的一个优势是置入的图片都是以链接形式使用，因此，我们在整理时，可以使用"打包"功能，将该文件用到的所有链接整理到一起，便于管理。点击"文件/打包"，即可打开对话框（图1-5-13）。

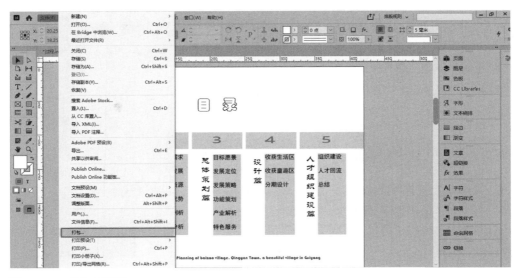

图1-5-13　打包对话框

"！"表示有问题，单击左侧对应项即可查看详情（图1-5-14）。然后单击"打包"就会出现提示要求"存储"，点击"存储"即可继续（图1-5-15）。

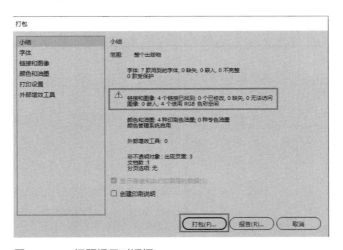

图1-5-14　问题提示对话框

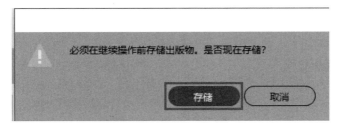

图1-5-15　打包存储对话框

选择好存储位置，并勾选如图1-5-16所示的三项，然后单击"打包"就会生成打包文件夹（图1-5-17）。

图1-5-16　存储选项对话框

图1-5-17　打包文件夹

（5）导出文件。

当我们完成一份文档编辑时，需要存盘或打印，一般会将文档存为PDF格式导出。这一操作可以通过"文件/导出"选项，或者按快捷键"Ctrl+E"，打开对话框（图1-5-18）。

选择保存类型为"Adobe PDF（打印）"，选择要存放的位置后，单击"保存"就会打开关于导出设置的对话框。

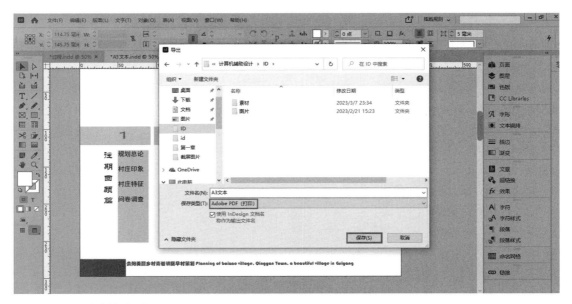

图1-5-18　导出文档对话框

这里一般使用ID预设的导出参数，导出页面选择"全部"，单页形式（图1-5-19）。

图1-5-19　导出参数选择

单击"标记和出血",勾选"使用文档出血设置",单击"导出"即可（图1-5-20）。

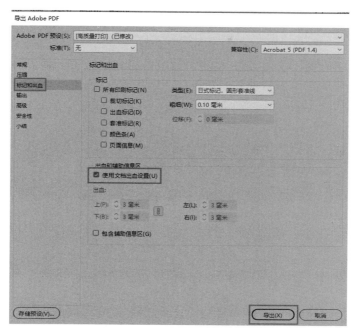

图1-5-20　标记和出血

第2章 居住区规划设计

2.1 居住区规划设计任务介绍

2.1.1 概述

居住区与人们的生活息息相关，随着时代的飞速发展，作为"衣食住行"中重要板块的"住"也在不断创新发展，力求与人们不断提高的生活水平和居住要求相适应。随着经济的不断发展及住房体制的改革，城市人口数量、构成发生变化，以及交通、小区老龄化等问题不断涌现，人们对商业、教育、文体活动等公共服务设施的要求不断提高。至此，我国在几次调整后，重新修订实施了《城市居住区规划设计标准》（GB 50180—2018）。

作为城市总体规划中重要组成部分的居住区规划设计自然也成为城乡规划专业的必修课之一，同时，作为人们比较熟悉的居住类建筑组群规划，涵盖了建筑、景观绿化、场地道路等多个方面，也是从建筑单体设计到规划设计这一专业过渡非常好的课题选择。

2.1.2 教学要求

①通过设计实践巩固和加强对居住区规划原理的理解和应用，了解人居环境科学，从建筑单体切入建筑群体观念，从室内环境进入室外环境的整体观念。

②通过对基地和已建成居住区的调研，培养学生发现、分析问题以及综合解决问题的能力，通过设计实践掌握居住区规划和设计的方法。

③根据居住区所在区位、环境、自然地形条件、特定的功能性质，以及目标群体的需求，结合当地社会、经济、政治、文化等情况，学习关于居住区的相关法律法规和设计前沿的方式方法，灵活运用居住区规划原理的理论知识，为居民创造一个方便、安全、舒适、优美的居住环境，营造出人们理想的各级生活圈。

2.1.3 居住区规划设计的编制流程、内容和成果

随着时代的发展，辅助设计的工具和手段越来越多样，特别是计算机辅助设计，广泛应

用于设计的各个阶段；设计成果的表达也从原来的纯手绘向计算机绘图转变。

在详细地讲述计算机辅助设计过程之前，首先来了解一下居住区规划设计的一般流程和内容。

1.编制流程

①解读设计任务书，了解相关法律法规、研读相关案例，对基地和已建成居住区进行调研，收集相关基础资料。

②在充分研究分析基地及相关资料的基础上，发现问题或特点，并提出设计构想及理念，完成方案构思分析。

③进行方案的草图设计，与老师交流沟通，修改并形成最终方案。

④按设计任务书要求进行正式绘制，提交最终成果。

2.编制内容

编制内容包括能体现调研结果的各种调研分析，设计理念形成的构思分析，估算各项相关技术经济指标，对规划总平面进行布局，确定所涉及的各类建筑的平立面形式、布局形态，能进一步清楚阐明设计构思的各种规划分析、结构分析、各市政工程规划设计。

3.成果表达（以学生作业为例）

①分析图包括各项基地调研分析图、构思分析图及各项规划设计分析图等（图2-1-1）。

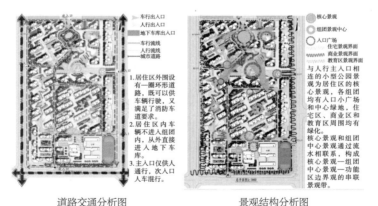

道路交通分析图　　　　　　　　　景观结构分析图

图2-1-1　分析图

②规划设计图包括设计说明及技术经济指标、规划设计总平面图、住宅建筑及主要公共建筑选型设计图、竖向规划设计图、道路断面选型图等（图2-1-2）。

③效果表现图包括整体方案鸟瞰图、沿街立面效果图、重要节点透视图等（图2-1-3）。

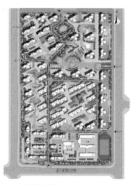

经济技术指标
用地面积(hm²):20
总建筑面积(万 m²):34.64
住宅建筑面积(万 m²):32.54
公共建筑总面积(万 m²):4.2
容积率:1.73%

居住人数(人):8341
地下停车位(辆):1388
住宅套数(套):2383
绿化率:41.3%

总平面图

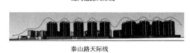

道路断面选型图

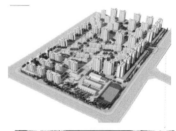

建筑户型选型图

图2-1-2 规划设计图

南向道路天际线

北向道路天际线

泰山路天际线

白云山路天际线

天际轮廓线分析图

东面沿街效果图

南面沿街效果图

沿街立面效果图

鸟瞰图及入口效果图

图2-1-3 效果表现图

2.1.4 成果绘制与展示

1.项目成果内容

项目成果内容可采用A3尺寸、彩色打印图片，并按序装订成文本。打印文本包括：彩色封面、设计说明书与技术经济指标、彩色鸟瞰图、节点透视图、街景立面图、规划总平面图、前期分析图（包括区位分析图、场地现状图、发展构思分析图）、规划设计分析图（包括空间结构分析图、功能分析图、交通道路分析图、景观分析图）、户型图等。

2.设计成果展示用到的计算机软件

在完成CAD设计图的基础上，展示设计成果效果的计算机应用软件主要为：

①PS：绘制彩色总平面效果图、立面图及各类分析图。

②SU：建立建筑模型、场地模型。

③Enscape：渲染全景鸟瞰图、节点透视图。

④ID：综合排版设计。

本章将通过一个居住区案例来重点介绍SU及Enscape两个软件在设计表达中的应用，包括SU单体建模、场景建模、导入Enscape软件中渲染，最终完成居住区全景鸟瞰图和节点透视效果图。

2.2 SU建模

以贵州省某小区方案为例，该项目总建设面积为15208平方米。项目建筑以多层住宅为主，底层商用。我们先按照设计任务书要求完成CAD设计图绘制，接下来开展建模和渲染的相关工作。

2.2.1 多层住宅建模

1.从CAD导入SU

（1）保留主要线条，清理无用对象。

在CAD中利用图层管理、快速选择等命令清理掉多余的文字、线条、填充、标注、门窗等建模过程中无用的对象，只保留建模所需的轮廓线（图2-2-1）。

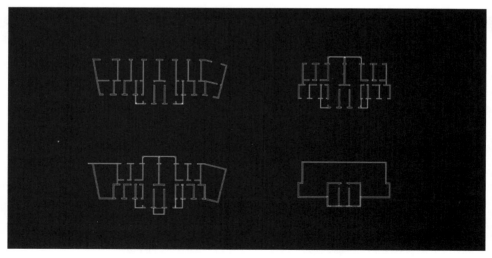

图2-2-1 整理CAD中的文件

（2）将所有面域闭合。

检查面域是否闭合，将未闭合的面域调整闭合。

（3）Z轴归零。

需要保证CAD所有图元的高度归零，这样导入SU才能完整封面。可以通过在CAD内输入"change"命令，根据提示选择所有图形将"标高"特性修改为"0"，完成图形Z轴归零（图2-2-2）。也可导入SU后利用"Z轴压平"插件进行处理。

```
指定新的文字插入点 <不修改>: *取消*
命令: *取消*
命令: CHANGE
选择对象: 指定对角点: 找到 3752 个
选择对象: 指定修改点或 [特性(P)]: P
输入要更改的特性 [颜色(C)/标高(E)/图层(LA)/线型(LT)/线型比例(S)/线宽(LW)/厚度(T)/透明度(TR)/材质(M)/注释性(A)]: E
指定新标高 <多种>: 0
输入要更改的特性 [颜色(C)/标高(E)/图层(LA)/线型(LT)/线型比例(S)/线宽(LW)/厚度(T)/透明度(TR)/材质(M)/注释性(A)]: E
CHANGE 指定新标高 <0.0000>:
```

图2-2-2　CAD中"高度归零"命令

（4）保存整理好的CAD底图。

（5）将CAD平面导入SU。

打开SU新建一个文件，在界面左上角找到"文件/导入"，在"导入"界面选择整理好的CAD文件，并点击"选项"，勾选"合并共同平面""平面方向一致""导入材质""保持绘图原点"选项，单位选择"毫米"，完成以上步骤再点击"导入"（图2-2-3）。

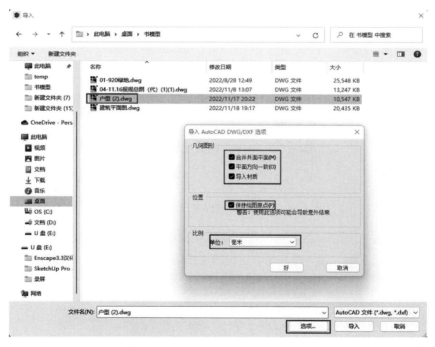

图2-2-3　导入文件

（6）进行封面。

选择导入的平面，单击右键选择"炸开模型"（图2-2-4）。

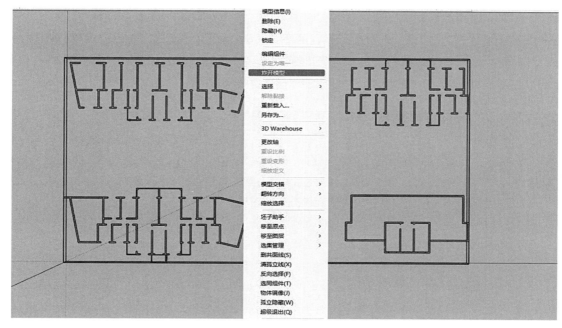

图2-2-4　炸开模型

　　观察导入的平面图是否在同一平面上，如果没有在同一平面可使用"坯子助手"内插件"Z轴压平"工具将所有线条控制在同一平面（图2-2-5）。

图2-2-5　"坯子助手"插件

　　框选平面，使用"坯子助手"内插件"快速封面"工具对平面图进行快速封面，未成功封面的部分需使用"直线"工具对其轮廓进行重新描边，使其成为一个封闭面域（图2-2-6）。

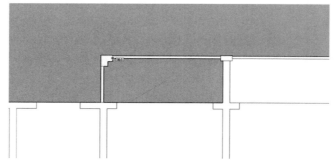

图2-2-6　对未封闭的平面进行描边封面

2.首层模型创建

（1）拉出墙体。

按住"Ctrl"键点击所有首层墙体，单击右键选择"创建群组"（图2-2-7），双击墙体进入该群组，选择墙体平面面域，使用"推/拉"工具拉出墙体，确定墙体高度，拉升完成后可使用"橡皮擦"清理面域上多余的杂线，效果如图2-2-8所示（在建模过程中，对同一类型的构件尽早创建群组，这样方便对各群组进行编辑和分类管理，提高工作效率）。

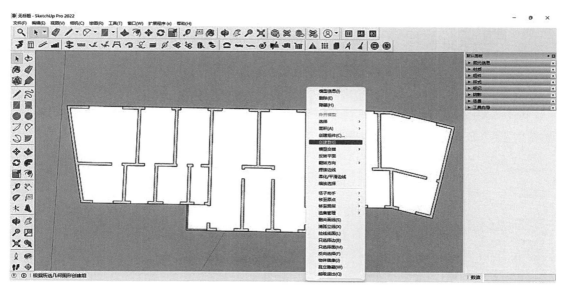

图2-2-7　创建群组

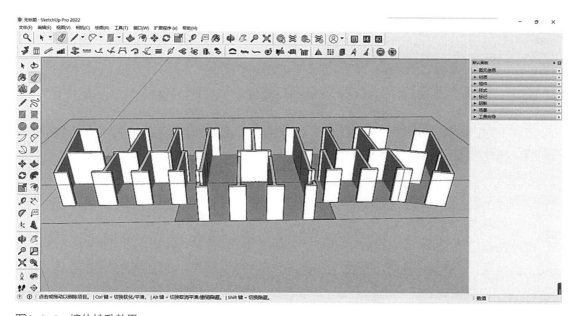

图2-2-8　墙体拉升效果

（2）创建窗。

创建南面的窗户，南面窗户窗台高0.9米，用"线条"工具在如图2-2-9所示的面上画出窗台高，再用"推/拉"工具拉出窗台下墙体；窗户高1.5米，在如图2-2-10所示的面上按住"Ctrl"键使用"推/拉"工具向上拉伸1.5米，完成后继续按住"Ctrl"键将该面向上拉升与层高平齐，其余皆按照该方法预留出窗户位置（图2-2-11）。

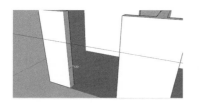

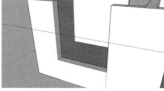

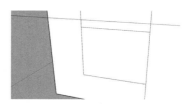

图2-2-9　画出窗台高　　　　　图2-2-10　推出窗台高　　　　　图2-2-11　推出窗户位置

选中预留的窗户面域，使用"坯子助手"内插件"参数开窗"，根据需求设置窗户参数后点击"应用"既可创建窗户模型（图2-2-12、图2-2-13）。

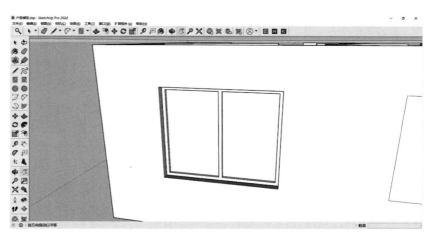

图2-2-12　"参数开　　图2-2-13　创建窗户
窗"工具

双击窗户进入窗户群组，使用"材质"工具为窗户附上玻璃材质，编辑页面可调节材质透明度。按此方法为窗框也附上材质（图2-2-14）。

其余窗户可按照此方法创建，或选择该窗户使用"移动"工具按住"Ctrl"键将其复制到其余位置（图2-2-15）。

（3）创建门。

北侧的移门高2.5米，可按照窗户创建的方法预留门的位置，将预留的面域创建群组，双击进入该群组，在该面域上用"直线"工具绘制出门的细节轮廓，然后用"推/拉"工具按住"Ctrl"键向内推0.05米，玻璃部分向内推0.02米。框选创建好的门右键创建组件，方便后期统一更改，选择创建好的门使用"移动"工具按住"Ctrl"键选择一个参考点，可将门复制到与该门形状相同的位置（图2-2-16~图2-2-18）。

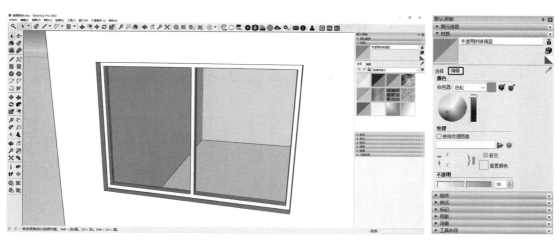

图2-2-14　给窗户附材质

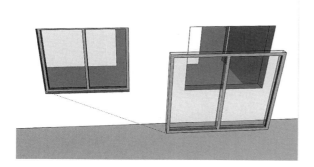

图2-2-15　复制窗户

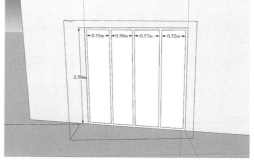

图2-2-16　绘制门轮廓细节

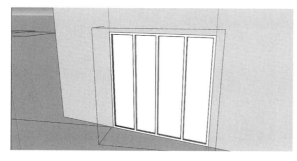

图2-2-17　向内推拉门扇

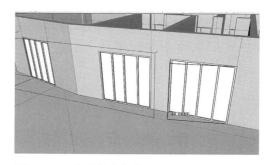

图2-2-18　复制其他门扇

　　按照给窗附上材质的方法给门附上材质（图2-2-19）。

　　南侧的入户门可通过插件"门"工具创建，预留门洞的位置，使用门工具框选门洞即可创建（图2-2-20、图2-2-21）。

　　使用"材质"工具为门附上材质（图2-2-22）。

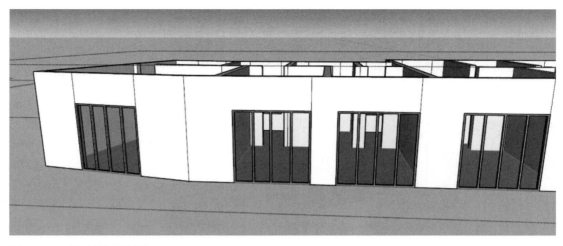

图2-2-19 给玻璃门附材质

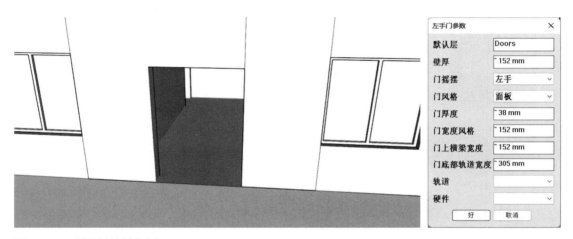

图2-2-20 利用插件创建大门

图2-2-21 插入门

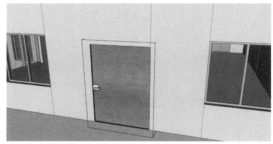

图2-2-22 给门附材质

（4）创建雨棚。

用"形状"工具画出雨棚大致位置（图2-2-23）。

点击该面右键创建群组，进入该群组，在该面上用"直线"画出构件的细节轮廓（图2-2-24）。

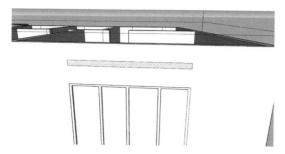

图2-2-23 雨棚的具体位置及尺寸

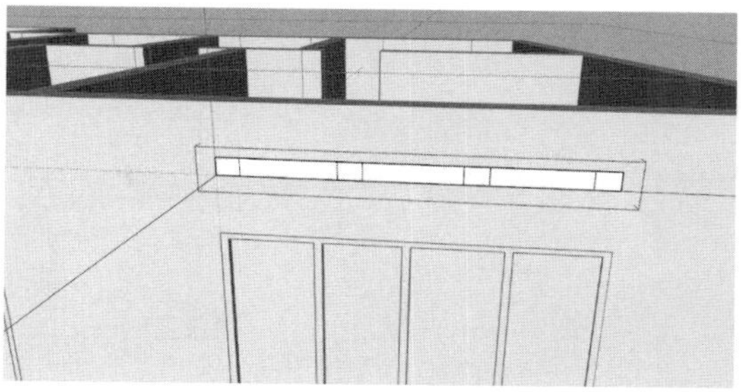

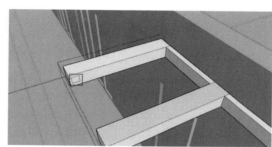

图2-2-24 雨棚细节轮廓绘制

用"推/拉"工具向外推出构件（图2-2-25）。

在创建出的构件上用"形状"工具画出横向构件形状（图2-2-26）。

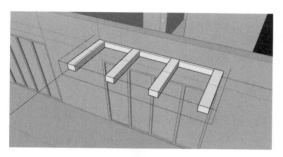

图2-2-25 拉出雨棚结构骨架

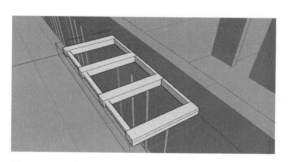

图2-2-26 绘制雨棚细节

用"推/拉"工具推出横向构件（图2-2-27）。

使用"材质"工具为构件附上金属材质（图2-2-28）。

在构件上方画出玻璃面，并为其附上玻璃材质（图2-2-29）。

用相同的方法拉出玻璃厚度，全选雨棚模型创建组件方便后期统一使用和编辑，如需复制雨棚，可参考复制窗户的步骤。

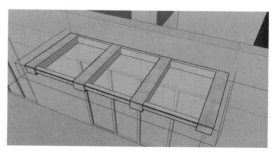

图2-2-27 完成雨棚细节绘制

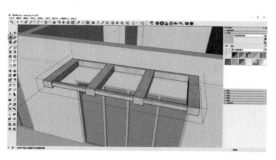

图2-2-28 给雨棚附上金属材质

图2-2-29 给玻璃附上材质

（5）创建屋顶。

选择预先准备好的屋顶平面，用"推/拉"工具推出女儿墙高度1.5米，楼板厚度0.1米。选择整个屋顶创建群组，使用"移动"工具将其与首层模型进行拼合（图2-2-30、图2-2-31）。

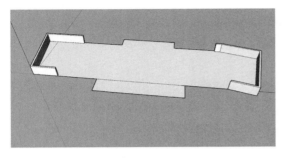

图2-2-30　拉升女儿墙

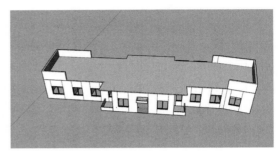

图2-2-31　合并屋顶

3.标准层模型创建

（1）拉升墙体。

按住"Ctrl"键选择所有墙体面域，右键创建群组，双击进入群组使用"推/拉"工具将墙体向上推出3米（图2-2-32）。

（2）拉出楼板厚度。

选择楼板面域，使用"推/拉"工具将其向上推出0.1米（图2-2-33）。

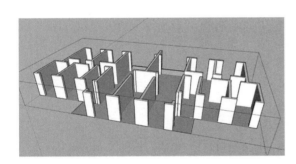

图2-2-32　拉升墙体厚度

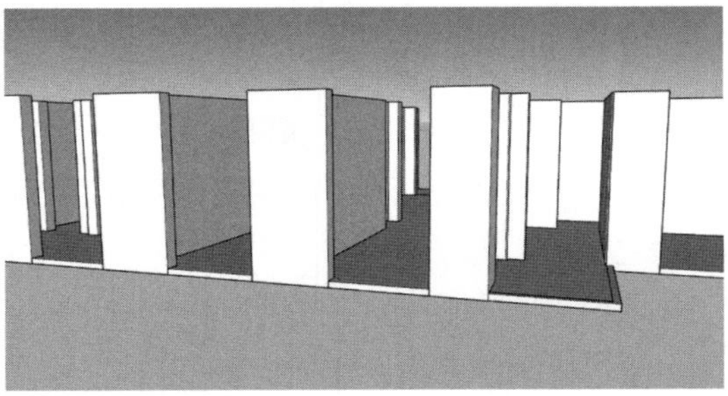

图2-2-33　拉升楼板厚度

（3）创建门窗。

按照首层窗户创建的方法对标准层窗户进行创建（图2-2-34）。

（4）创建阳台栏杆。

首先在阳台面域上用"直线"工具画出竖向栏杆的位置及形状，然后按住"Ctrl"键选择该栏杆面域右键创建群组，双击进入群组，使用"推/拉"工具推出竖向栏杆的高度1.1米（图2-2-35、图2-2-36）。

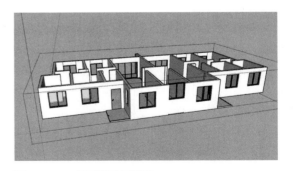

图2-2-34　创建标准层窗户

在竖向构件上用"直线"工具画出横向构件的位置及形状，使用"推/拉"工具推出横向栏杆（图2-2-37、图2-2-38）。

在横向栏杆中部位置用"直线"工具画出一条线，然后用插件"坯子助手"内插件"拉线成面"工具，选择该线向上拉出面生成玻璃（图2-2-39、图2-2-40）。

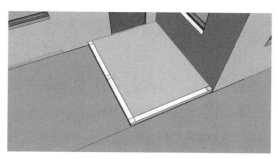

图2-2-35　绘制阳台栏杆

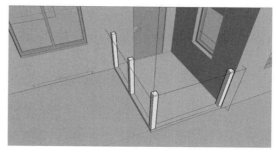

图2-2-36　拉升阳台栏杆

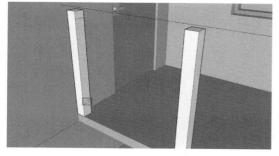

图2-2-37　绘制横向构件的截面

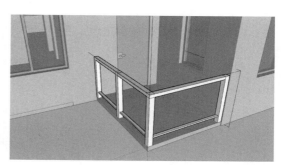

图2-2-38　拉升横向构件

图2-2-39　绘制玻璃位置线

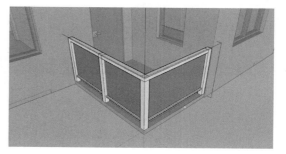

图2-2-40　用"拉线成面"生成玻璃

将拉出的面用"材质"工具附上玻璃材质，用"推/拉"工具推出玻璃厚度0.03米（图2-2-41、图2-2-42）。

使用"移动"工具按住"Ctrl"键将栏杆复制到另一个阳台处，然后使用"缩放"工具选择栏杆模型，点击缩放中心点出现"沿红轴缩放比例，在对角点附近"字样，拖动该点，输入"-1"既可完成镜像操作（图2-2-43~图2-2-45）。

北面阳台栏杆也按此步骤进行创建（图2-2-46）。

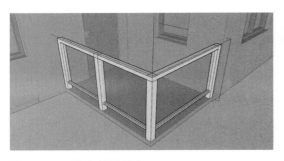

图2-2-41 给玻璃附材质

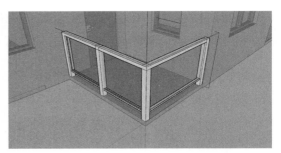

图2-2-42 拉升玻璃的厚度

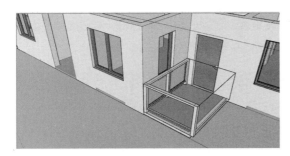

图2-2-43 复制栏杆

沿红轴缩放比例在对角点附近

图2-2-44 选取缩放轴

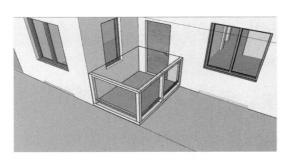

图2-2-45 镜像操作

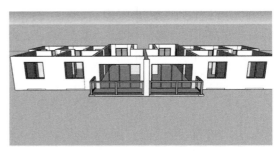

图2-2-46 创建北面阳台

（5）复制楼层。

先将标准层整体创建群组，再使用"移动"工具，按住"Ctrl"键将其向上复制出其余楼层（图2-2-47）。

4.屋顶模型创建及整合

（1）屋顶创建。

创建屋顶模型，首先用"推/拉"工具向上推拉屋顶楼梯间（图2-2-48）。

使用之前创建门的方法为其创建门，并附上材质（图2-2-49）。

选择屋顶面域用"偏移"工具将其向内偏移1.5米（图2-2-50）。

图2-2-47 复制各楼层

点击屋顶平面外围面域右键创建群组，可通过"形状"绘制一个矩形平面，在其上用"直线"工具绘制出檐口截面形状（图2-2-51）。

接下来使用"路径跟随"工具选择绘制好的檐口截面，沿着屋顶外围边线进行路径跟随（图2-2-52）。

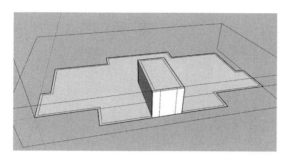

图2-2-48 推拉屋顶楼梯间

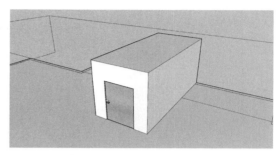

图2-2-49 创建楼梯间的大门

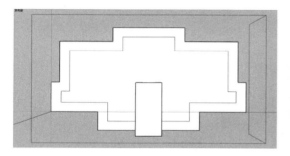

图2-2-50 向内偏移轮廓线1.5米

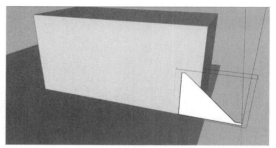

图2-2-51 绘制檐口截面

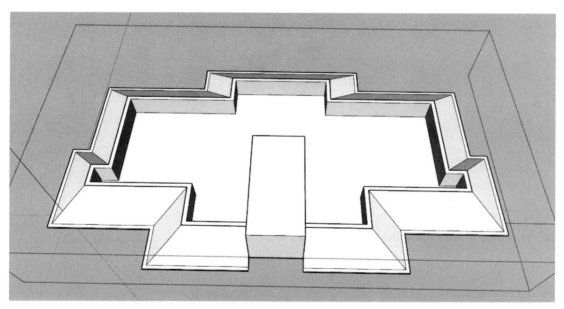

图2-2-52 绘制檐口

用"材质"工具为其附上材质（图2-2-53）。

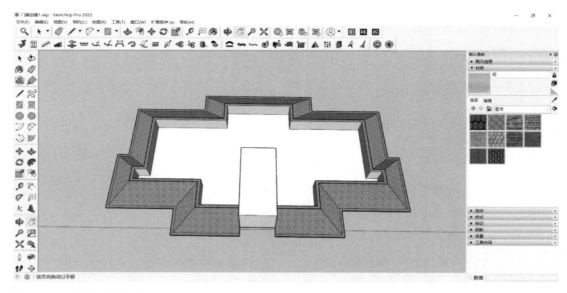

图2-2-53　给檐口附材质

　　选择屋顶楼梯间顶面，使用"1001bit pro"插件内的坡屋顶创建功能，设置参数，对其创建坡屋顶（图2-2-54~图2-2-56）。用"材质"工具为其附上材质（图2-2-57）。

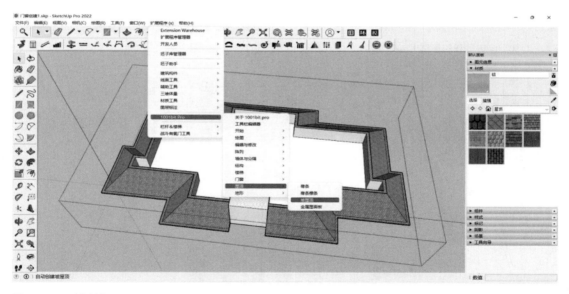

图2-2-54　创建坡屋顶

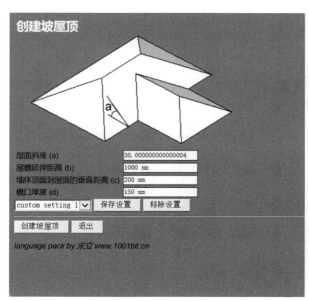

图2-2-55　设置坡屋顶参数

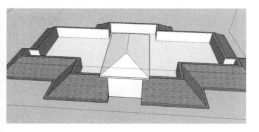

图2-2-56　坡屋顶效果

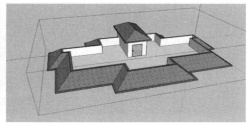

图2-2-57　给坡屋顶附材质

（2）拼合各层模型。

使用"移动"工具按住"Ctrl"键将各层模型进行拷贝拼合，如图2-2-58所示为完成后效果。

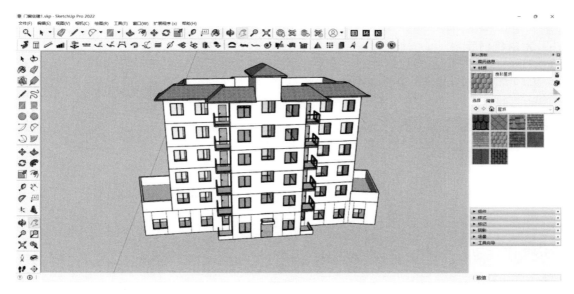

图2-2-58　完成后的多层住宅模型

2.2.2　场地建模

1. 在CAD中整理图形

（1）如图2-2-59所示，保留主要线条，清理无用对象（步骤同上，略）。

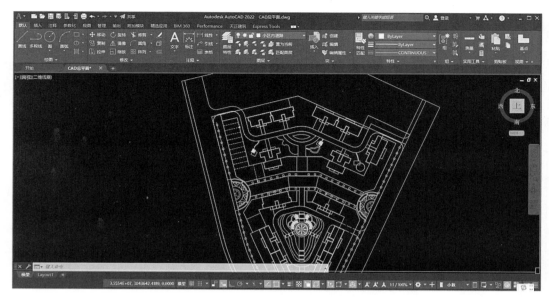

图2-2-59　清理需要输出的图形

（2）将所有面域闭合（步骤同上，略）。

（3）检查面域是否闭合，将未闭合的面域调整闭合（步骤同上，略）。

（4）Z轴归零（步骤同上，略）。

2.将CAD平面导入SU（步骤同上，略）

3.进行封面

（1）如图2-2-60所示为炸开模型（步骤同上，略）。

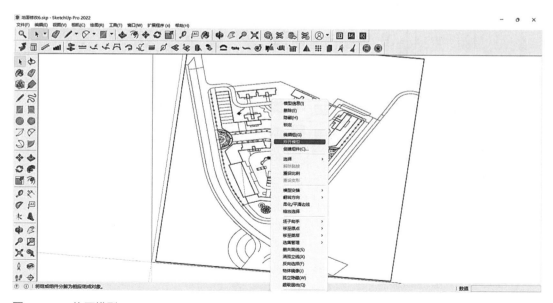

图2-2-60　炸开模型2

（2）Z轴压平（步骤同上，略）。

（3）进行封面（步骤同上，略），如图2-2-61所示为封面结果。

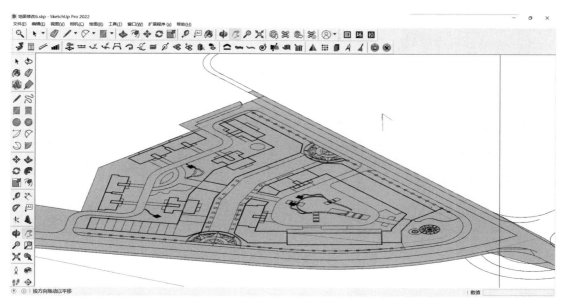

图2-2-61　封面

（4）创建群组。

选择完成封面后的所有面域，鼠标右键点击"创建群组"，方便后期管理（图2-2-62）。

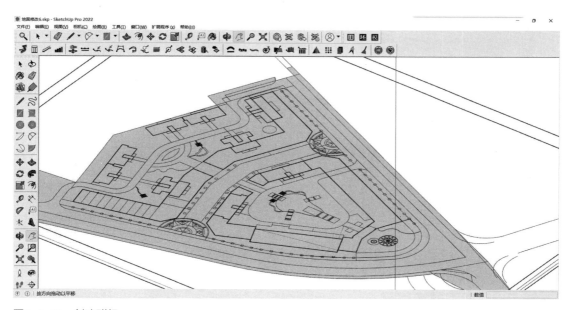

图2-2-62　创建群组

4.地形创建

①使用"材质"工具为平面上的道路、草地等附上相应的材质（图2-2-63）。

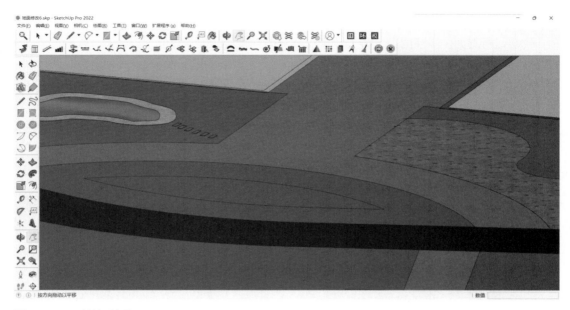

图2-2-63 赋草坪材质

②使用"推/拉"工具将道路向下推0.2米，其余有高差的地方也使用"推/拉"推出相应的高度（图2-2-64）。

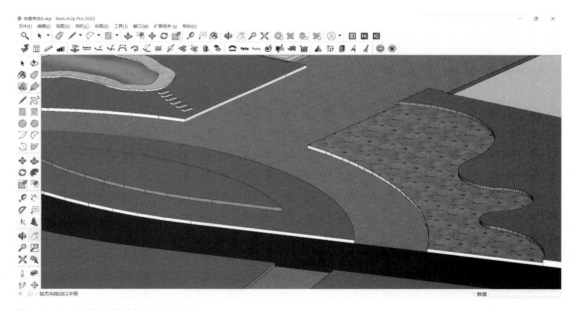

图2-2-64 根据需要给地面拉出高度

2.2.3 景观节点建模

1.中央花园景观创建

①根据坡地等高线使用"推/拉"工具推出阶梯状坡地（图2-2-65）。

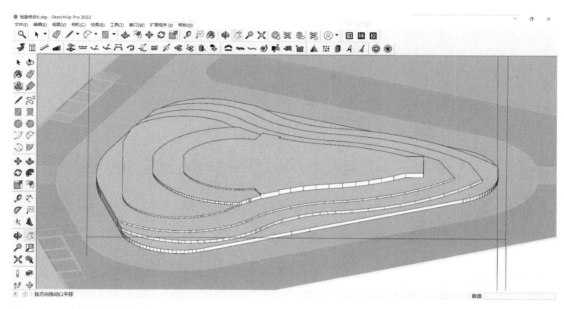

图2-2-65　拉出坡地的高度

②框选阶梯状坡地，在菜单栏选择"场景/沙盒/根据等高线创建"，即可得到一个比较平滑的坡地（图2-2-66、图2-2-67）。

③使用"推/拉"工具推出台阶，并放置在坡地中（图2-2-68）。

④布置景观小品。景观小品可在菜单栏"坯子模型库"中下载，也可自行创建（图2-2-69）并将下载好的景观小品布置在场景中（图2-2-70）。

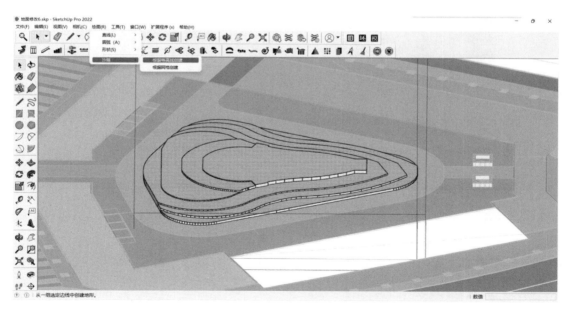

图2-2-66　坡地处理前

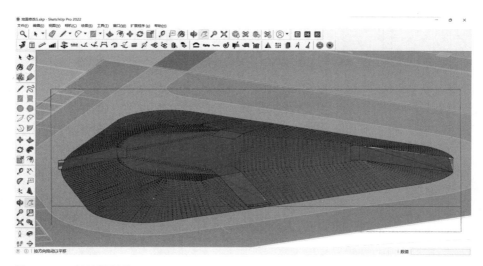

图 2-2-67　坡地处理后

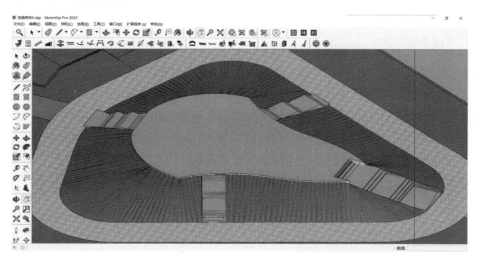

图 2-2-68　制作台阶

图 2-2-69　胚子库

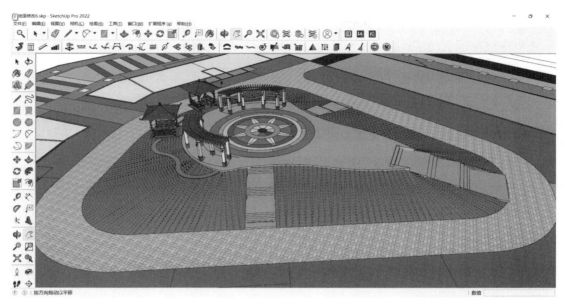

图2-2-70 布置景观小品

2. 水池景观的创建

①使用"材质"工具为水池景观附上相应的材质（图2-2-71）。

②使用"推/拉"工具将地砖以及水池围护结构拉出高度（图2-3-72）。

③在"坯子模型库"中下载凉亭的模型放置于景观节点中（图2-2-73）。

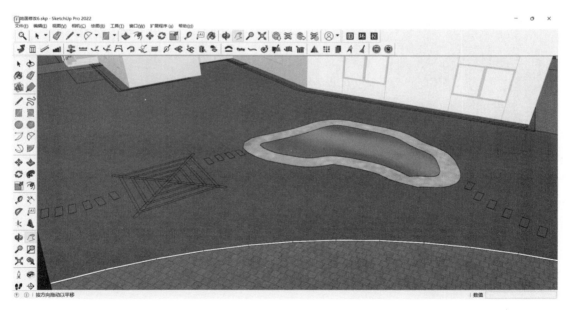

图2-2-71 给水池景观附材质

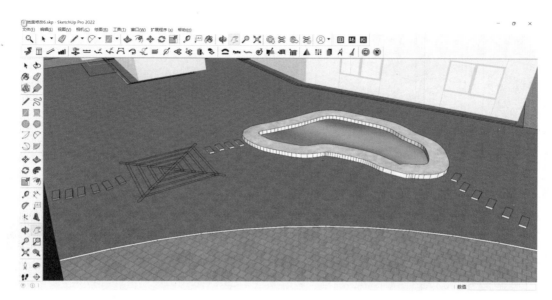

图2-2-72　制作水池围护

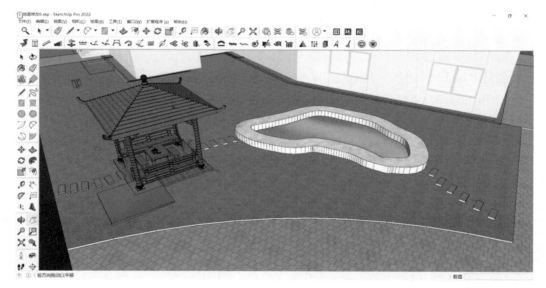

图2-2-73　布置凉亭

2.2.4　鸟瞰图生成

1.合并模型

将先前创建好的多层住宅模型布置在场地中（图2-2-74）。

2.设置效果

鸟瞰图导出之前可在"默认模板"界面调节模型的样式和阴影，以达到所需要的表现效果（图2-2-75）。

图2-2-74 合并模型

图2-2-75 完成后的鸟瞰图

3.导出鸟瞰图

可在菜单栏找到"相机"工具，选择合适的透视效果，寻找一个比较好的角度，将二维模型鸟瞰图导出（图2-2-76）。如图2-2-77所示为输出的图面效果。

图2-2-76　导出二维模型

图2-2-77　输出的图面效果

2.3　Enscape渲染

2.3.1　景观节点渲染

1.布置景观

运行Enscape插件，打开"资源库"，为各景观节点布置绿植和景观小品，绿植的布置可在SU或Enscape中进行，布置过程中可打开Enscape插件中的"实时更新"和"同步视图"，SU与Enscape将进行同步，可以实时观看渲染后的效果（图2-3-1）。

图2-3-1　实时渲染效果

2.效果图导出

在SU中寻找合适角度，利用Enscape的"同步视图"功能在Enscape界面中点击"渲染图像"，导出JPG格式，即可生成景观节点效果图（图2-3-2）。

图2-3-2　景观节点效果图

2.3.2　整体渲染

①运行Enscape插件，打开"资源库"，为场景布置绿植（图2-3-3、图2-3-4）。

②打开Enscape的"同步视图"功能，在SU或Enscape中寻找合适角度，在Enscape界面中点击"渲染图像"，导出JPG格式，即可生成整体效果图并保存（图2-3-5、图2-3-6）。

如图2-3-7所示为最终渲染后的效果图。

图2-3-3 选择人物

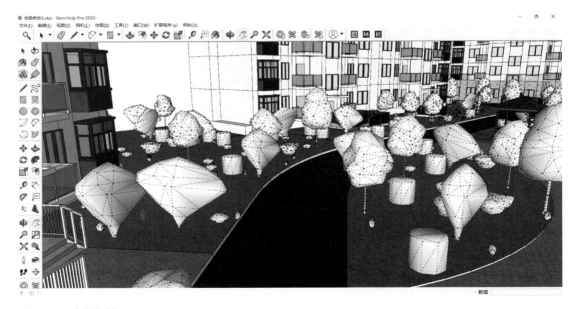

图2-3-4 布置绿植

图2-3-5　生成的效果图

图2-3-6　保存效果图

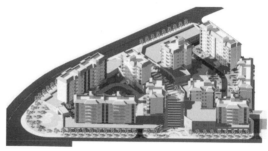

图2-3-7　渲染后的效果图

第3章 乡村规划设计表达

3.1 乡村规划设计任务介绍

3.1.1 概述

通过本章的学习，掌握"乡村规划"编制的内容和方法，在践行全面实施乡村振兴战略，按照"生态优、乡村美、产业特、农民富、集体强、乡风好"总体目标的基础上，更好地体现特色田园乡村核心理念和内涵，落实"多规合一"实用性编制要求，全面引领和支撑示范试点建设各项工作，根据国家相关法律法规、政策文件及标准规范的要求，结合实际，建立乡村土地使用的功能性、经济性、法规性和乡村空间设计导向性的概念，反映乡村规划的内涵，掌握乡村规划的基本调研方法、规划内容和成果表达方式，并按照教学规范提交相应成果。

设计方案应围绕"风貌怎么定、环境怎么整、功能怎么改"的问题，重点从建筑设计引导和绿化景观设计引导两个方面开展。建筑设计引导，以确定风貌定位开展建筑设计或改造；绿化景观设计引导，应符合当地地域环境及乡村风貌。

3.1.2 教学要求

①课程设计要与工程实践相结合，通过课程掌握乡村现状调查、土地利用、乡村各类建筑、乡村景观绿化、场地道路及各类基础设施等多个方面调查、规划、设计方法。

②乡村规划设计方案要体现综合性和实施性，构建"策划+规划+设计"多层级的编制路径。宏观层面（策划）：按照整体策划方式，明确乡村目标定位和发展路径，结合村域发展指引，明确产业发展、生态环境保护、文化保护传承思路，满足乡村发展和管理需求；中观层面（规划）：通过规划分析，明确乡村用地布局、产业配套、设施服务、生态环境、风貌管控指引和用途管制要求，重点指导特色产业培育、特色生态构建和特色文化塑造；微观层面（设计）：运用规划设计手法，因地制宜地对山水田园环境、重要空间节点和建筑景观小品开展详细方案设计，全面支撑实施建设。

3.1.3 乡村规划设计的编制要求、内容和成果

1.编制要求

在现状调查分析的基础上，充分采纳当地政府、村民等多方意见，共同确定乡村需要解决的问题和村庄特色需求，共同研究解决方案和发展方式。结合乡村类型、地域特征、资源禀赋和经济发展等情况，与规划村总体工作方案和产业规划进行充分融入和衔接，编制乡村规划设计方案。

2.编制内容

乡村规划方案要实现土地利用规划、城乡规划等的有机融合，统筹协调乡村建筑、田园景观、自然风光，保持乡村景观格局，保护农业开敞空间和传统乡村机理，规划要通盘考虑土地利用、产业发展、住房布局建设、人居环境整治、生态保护和历史文化传承、安全和防灾减灾等方面的内容要求。

3.成果表达（以学生作业为例）

（1）分析图：

主要包括各项基地调研分析图、构思分析图、设计意向图及各项规划设计分析图等（图3-1-1、图3-1-2）。

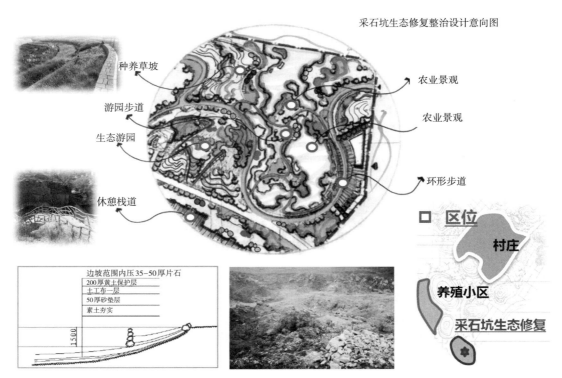

图3-1-1　采石坑生态修复整治设计意向图

图3-1-2 种养生态循环规划示意图

（2）规划设计图：

主要包括设计说明及技术经济指标、规划设计总平面图，住宅建筑及主要公共建筑选型设计图，竖向规划设计图，道路断面选型图等（图3-1-3、图3-1-4）。

■ 居民点规划设计总平面图

❶ 田间菜地
❷ 养蜂菜园1
❸ 古树节点2
❹ 养蜂菜园2
❺ 畜牧水塘
❻ 肉牛规范化集中养殖小区
❼ 生态修复矿坑
❽ 养殖区入口
❾ 田间菜地

❿ 规划建设预留弹性用地
⓫ 村口游园广场
⓬ 古树节点1
⓭ 彝族文化印象馆
⓮ 牧歌节庆广场
⓯ 彝族美食体验基地
⓰ 生物生态耦合污水处理
⓱ 生态停车场
⓲ 村口宣传栏

⓳ 公共厕所
⓴ 体育健身设施
㉑ 纳凉长亭
㉒ 新时代农民讲习所（党建积分超市，图书室）
㉓ 彝族文化演绎台
㉔ 医疗室
㉕ 阶梯式坐台
㉖ 喀斯特小石林

图3-1-3 村庄居民点规划设计总平面图

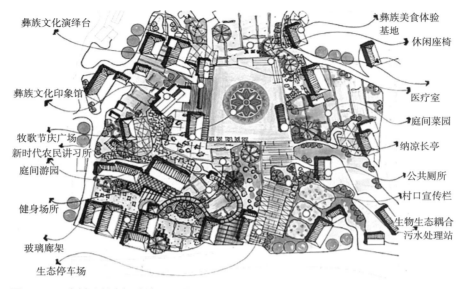

图3-1-4 乡村公共空间改造平面图

（3）效果表现图：

主要包括重要节点鸟瞰图、立面改造效果图、重要节点环境改造效果图等（图3-1-5、图3-1-6）。

图3-1-5 乡村公共空间改造效果图

图3-1-6 村民生活空间改造效果图

3.1.4 成果绘制与表达

1.项目成果

项目成果内容采用A3尺寸、彩色打印图片，并按序装订成文本。主要包括彩色封面、设计文本（规划总论、现状调查报告、发展策划）前期分析图（包括：区位分析图、场地现状图、发展构思分析图）、村域总体规划（村域国土空间规划、村域生态保护规划、村域基础设施规划、村域公共服务设施规划、村域安全防灾减灾规划）、乡村居民点建设规划图（包括：规划总平面图、建筑风貌改造设计图、重要节点环境改造设计图、交通道路分析图、景观分析图、重要节点环境改造彩色鸟瞰图、节点透视图、立面整治图等）。

2.设计成果展示用到的计算机软件

在完成CAD设计图的基础上，展示设计成果效果的计算机应用软件主要为：
①PS：绘制彩色总平面效果图、立面整治图及各类分析图。
②SU：建立新建、改建建筑模型、场地模型。
③Lumion：渲染全景鸟瞰图、节点透视图。
④ID：综合排版设计。
本章通过两个案例介绍Lumion Pro 12.5的软件应用。

案例一：通过SU软件建模，并将模型导入Lumion Pro 12.5软件，学习在Lumion Pro 12.5软件中完成建筑模型材质赋予、营造环境（天气、景观、素材）、渲染出图等。

案例二：学习Lumion Pro 12.5软件中以实景融入的渲染模式，绘制村民活动广场改造效果图。

3.2 民居SU模型重建导入Lumion

根据建筑风貌改造任务要求，在现场调查中发现乡村内建筑风貌和周边建筑严重不符的民居立面，提出改造建议，如图3-2-1所示，为风貌不协调建筑；图3-2-2所示，为本村统一风貌。

图3-2-1 需改造的建筑实景照片   图3-2-2 现有建筑风貌实景照片

对需改造风貌的建筑，经过与村民协商，在SU中建立改造后的SU模型，在SU中需对不同材质进行区分，SU模型中的同一材质可被Lumion材质统一替换（图3-2-3）。

图3-2-3　SU中风貌改造后的建筑模型

3.2.1　创建初始环境及图层设置

（1）打开Lumion程序。

双击进入欢迎界面，点击"创建新的"按钮，创建新项目面板，选择"创建平原环境"。

（2）将模型导入Lumion。

在"场景编辑"模式下，屏幕左上方为"图层"面板，它显示了当前图层。例如，当图层面板显示为白色，表明当前图层为"Layer 1"。当鼠标移动到其他图层上并双击变白，则表示当前图层更改为所选图层，即可进入相应的图层进行操作。当点击图层左侧 ◉ 图标时，其右侧对应的图层处于关闭状态，该图层上的对象将不在场景中显示出来。"图层"面板右侧的加号为"添加层"按钮，用来添加新图层（图3-2-4）。在Lumion场景中，编号大的图层的模型会被优先显示。为了便于区分图层，还可以对各个图层进行命名。在添加放置场景物体前，应该先观察当前图层，以便将建筑、植物景观、人物配景等放置在不同图层中，便于之后的修改。

图3-2-4　Lumion图层面板

3.2.2 通过"素材库"面板SU模型导入Lumion

打开"素材库"画板（图3-2-5）单击"IMPORT"命令图标，即"导入新模型"按钮，弹出如图3-2-6所示的对话框，找到SU文件储存位置，双击需要导入的模型文件。Lumion除支持SU的.skp格式文件外，还支持Autodesk公司的.dxf、.dwg 、.max等格式文件。

A1—IMPORT（插入）；A2—导入的模型；A3—自然；A4—精细细节自然对象；A5—人和动物；A6—室内；A7—室外；
A8—交通工具；A9—灯光
B1—特效；B2—声音；B3—设备/工具；B4—选择所有类别
C1—放置；C2—选择；C3—绕Y轴旋转；C4—缩放；C5—删除；C6—自由移动；C7—向上移动；
C8—水平移动；C9—键入
D1—撤销当前；D2—取消选择

图3-2-5 "素材库"面板命令栏

图3-2-6 IMPORT命令图标

点击"素材库"面板中的"放置"按钮（图3-2-7），会弹出"导入的模型库"面板（图3-2-8）。通过该面板可选择已经导入的模型，以及曾经被导入场景的模型，用户可以再次添加这些模型，也可以在模型库中删除，并通过点击鼠标左键，将选中的模型在场景中放置到相应位置。

图3-2-7 "放置"按钮

图3-2-8 "导入的模型库"面板

对于经常需要导入的模型，可以将该模型图标左上角的五角星点亮（鼠标移动到模型图标上时即会出现），此时模型库中多出一个"收藏夹"选项卡，通过它，用户可快速找到该模型并将其添加到场景中（图3-2-9）。

放置模型可以配合相应的键盘快捷方式（放置的同时按住相应键盘按键）。

放置模型时，屏幕右下方出现"快捷方式"信息栏（图3-2-10），从上到下分别为：

①G：地面捕捉。

②V：放置对象时随机大小。

图3-2-9 "收藏夹"选项卡

图3-2-10 "快捷方式"信息栏

③H：高度。

④L：缩放。

⑤R：绕Y轴旋转。

⑥O：相机环绕。

其中，红色为X轴，蓝色为Z轴，绿色为Y轴（图3-2-11）。

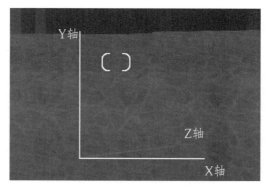

图3-2-11　Lumion默认坐标轴

　　点击"选择"按钮，再选中"导入模型"，在模型中部会出现蓝色控制点，鼠标左键点击控制点（图3-2-12）。此时右上角会出现如图3-2-13所示对话框，通过该对话框可以"重新导入模型""锁定模型""选择两个或多个对象组"，以及显示选中的模型在哪个图层，并可以更改图层。

图3-2-12　选中导入模型控制点

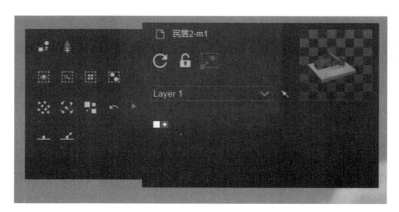

图3-2-13　选中导入模型编辑对话框

3.2.3 "选择"移动导入模型

（1）点击"选择"按钮（图3-2-14）。

图3-2-14 "选择"命令图标

（2）移动物体：用于场景中移动导入的模型（图3-2-15）。

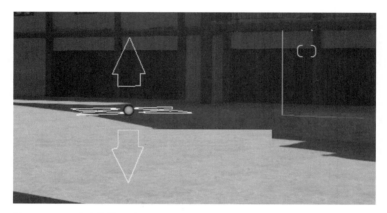

图3-2-15 移动物体示意图

移动模型时，屏幕右下方出现"快捷方式"信息栏（图3-2-16），从上到下分别为：

图3-2-16 "快捷方式"信息栏

①G:地面捕捉。

②F:符合场景。

③Z:仅延Z轴移动对象。

④X:仅延X轴移动对象。

⑤SHIFI:水平移动对象。

⑥ALT:移动对象并在其位置保留副本。

⑦CTRL:绘制方形选区。

⑧O:相机环绕。

移动模型时可以配合键盘上相应按键,如"Alt"键可以进行复制。

(3)可以点击"向上移动""水平移动""键入",在位置坐标中用直接输入的方式,精确调整模型位置(图3-2-17~图3-2-19)。

图3-2-17 "键入"命令

图3-2-18 "水平移动"命令

图3-2-19 "向上移动"命令

3.2.4 "绕Y轴旋转"及"缩放"操作

绕Y轴旋转:用于调整场景中模型的朝向,同时,系统会自动捕捉正东、正南、正西、正北的位置。旋转时,配合键盘上的"Shift"键可以关掉旋转时的角度捕捉;多个物体同时旋转时,配合键盘上的"K"键,可以使鼠标位置与物体的关系独立,即每个物体可以旋转不同的角度(图3-2-20)。

图3-2-20 "绕Y轴旋转"命令

缩放：用于改变场景中模型的大小尺寸（图3-2-21）。

执行上述操作命令时，在模型的控制点上均会出现白色圆点，拖拽这些白色圆点可对模型进行编辑。

图3-2-21 "缩放"命令

3.2.5 "删除"物体

"删除"命令用于删除场景中不需要的模型。具体操作为：单击"删除"按钮（图3-2-22），场景中的模型上会出现白色圆点，再点击该白色圆点，即可删除该模型。

图3-2-22 "删除"命令

3.3 Lumion中赋予模型材质（材质面板）

Lumion提供了丰富的材质库，它包含5个选项卡，对应5个材质大类，分别是"各种""室外""室内""自定义""新的"。每一个材质大类又包含若干中类或小类材质，各个材质均有若干可以调节的参数（图3-3-1）。

图3-3-1 "材质库"面板

3.3.1 选取模型材质并替换

单击"材质"按钮（图3-3-2），将光标移动到模型中需要替换材质的部件，此时场景中与其同一材质的部件均会亮起并呈现荧光绿色，单击被选中的区域将出现以下两种情形。

图3-3-2 "材质"命令

①当选中区域使用模型导入时的材质时，屏幕左下角将弹出"材质库"面板（图3-3-1），如导入SU模型将采用SU的材质，用户也可用Lumion的材质替换原有的，并对材质参数做必要的调整。此时可认为用户以Lumion材质库中的材质为蓝本定义了新的材质。

②当选中区域已经被赋予Lumion材质库中的某一个材质时，屏幕左下方将弹出"材质"编辑面板（图3-3-3），用户可按需对面板中的材质参数进行调节以达成所期望的表现效果，也可通过单击"材质"面板左上角返回"材质库"，重新选择Lumion材质。

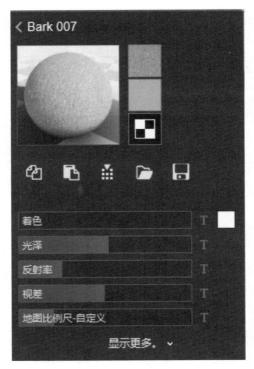

图 3-3-3 "材质"编辑面板

　　例如，在导入的 SU 模型中选中要替换材质如地面（图 3-3-4），弹出"材质库"面板，选择"室外材质"面板，从"石材"选择面板中选择一个合适材质（图 3-3-5），屏幕右下角点换图标保存更改（图 3-3-6），完成材质替换（图 3-3-7）。

图 3-3-4　选中"地面"替换材质

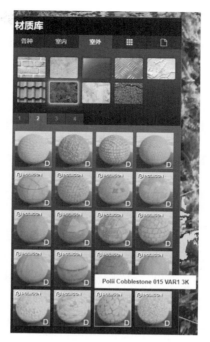

图3-3-5 "石材"选择面板

图3-3-6 保存更改

图3-3-7 完成材质替换

3.3.2　编辑材质参数

如需再次更改地面材质，则再次点击"地面"，会出现"材质"编辑面板，可以对着色、光泽、反射率、视差、位移、地图比例尺等参数进行修改。如修改地图比例尺可以调整铺装大小（图3-3-8、图3-3-9）。

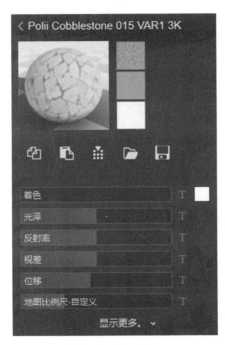

图3-3-8　"材质"编辑面板

图3-3-9　调整铺装大小

点击"显示更多选项"按钮（图3-3-10），还可以对位置、方向、透明度、风化（程度）、叶子（落叶）等参数进行设置（图3-3-11）。

城乡规划计算机辅助设计

图3-3-10 "显示更多选项"按钮

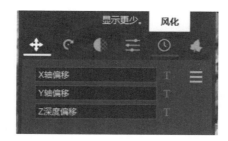

图3-3-11 "风化"按钮

按照此方法即可完成SU模型全部材质配置。

3.4 场景营造

通过本节学习Lumion天气参数的调节和各类景观要素的创建。

3.4.1 "天气"面板

点击"天气"按钮，将在屏幕底部的左侧弹出"天气"面板，通过该面板可对太阳的方位、高度、亮度、云量、风速、风向等参数进行调节（图3-4-1）。

①太阳方位：按住鼠标左键在罗盘内旋转，可控制太阳的方位。

②太阳高度：按住鼠标左键在罗盘内旋转，可调节太阳的垂直高度以及昼夜变化。

③太阳亮度、云量、风速、风向：按住鼠标左键在滑杆上左右移动，调节时，滑杆上方会显示参数，精确到0.1。在滑杆上移动的同时配合键盘上的"Shift"键进行微调，参数精确到0.0001（图3-4-2）。

图3-4-1 "天气"面板

图3-4-2 "天气"面板参数调节

以上仅涉及天气操作的基础内容，如需将天气变为雨天、雾天等，就要在"拍照"模式下的"特效"中进行调节，这部分内容将在后续小节的渲染部分进行介绍。

3.4.2 利用"景观"面板构建周边地形环境

点击"景观"按钮，将在屏幕底部的左侧弹出"景观"面板，通过该面板可对场景的（海拔）高度、水（体）、海洋、描绘（场地材质）、开放街区（需联网）、景观草等方面的参数进行调节（图3-4-3）。

A1—高度；A2—水；A3—海洋；A4—描绘；A5—开放式街道地图；A6—景观草；
B1—提升高度；B2—降低高度；B3—平整；B4—起伏；B5—平滑；B6—画笔大小；B7—画笔速度；
C1—平整景观地图；C2—加载景观地图；C3—保存景观地图

图3-4-3 "景观"面板

1.高度

单击"高度"按钮，进入"高度"面板，通过该面板可对海拔及地形的起伏等参数进行调节（图3-4-4）。

图3-4-4 "高度"面板："提升高度"命令

①提升高度：点击"提升高度"按钮，在场景中会出现黄色圆形笔刷，在需要提升高度的位置按住鼠标左键不放，即可抬升笔刷范围内的地面（图3-4-5）。

图3-4-5　"提升高度"命令地面变化效果

　　②降低高度：点击"降低高度"按钮，在场景中会出现黄色圆形笔刷，在需要降低高度的位置按住鼠标左键不放，即可降低笔刷范围内的地面。

　　③平整：点击"平整"按钮，在场景中会出现黄色圆形笔刷，在需要平整地形的位置按住鼠标左键不放并拖动，即可平整笔刷范围内的地面。如图3-4-6所示，为进行平整操作实现小山包顶部变平整后的效果。

图3-4-6　"平整"命令地面变化效果

　　④起伏：点击"起伏"按钮，在场景中会出现黄色圆形笔刷，在需要使地形起伏的位置按住鼠标左键不放并拖动，即可使笔刷范围内的地面出现起伏的效果。

　　⑤平滑：点击"平滑"按钮，在场景中会出现黄色圆形笔刷，在需要使地形平滑的位置按住鼠标左键不放并拖动，即可使笔刷范围内的地面出现平滑的效果。

　　⑥画笔大小：该滑杆用来控制在相同笔刷速度时地形变化范围的大小，数值越大，黄色圆形笔刷越大，地形变化范围越大；数值越小，黄色圆形笔刷越小，地形变化范围越小（图3-4-7）。移动滑杆的同时配合键盘上的"Shift"键可以进行微调，笔刷大小的参数可精确

到0.0001。

⑦画笔速度：该滑杆用来控制在相同笔刷大小时地形变化的快慢，数值越大，地形变化速度越快；数值越小，地形变化速度越慢。移动滑杆的同时配合键盘上的"Shift"键可以进行微调，笔刷速度的参数可精确到0.0001（图3-4-8）。

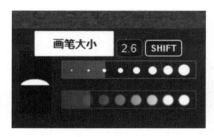

图3-4-7　画笔大小滑杆

图3-4-8　画笔速度滑杆

2.水

单击"水"按钮，进入"水"编辑面板。通过该面板可任意添加、删除水体或者改变水体的类型（图3-4-9）。

图3-4-9　景观"水"面板

①放置：点击"放置物体"按钮，在需要水体的地方单击鼠标左键或拖拽鼠标左键（按住鼠标左键不放并拖动鼠标），即可在场景中添加一个水体（图3-4-10）。

图3-4-10　放置景观"水"效果

②删除：点击"删除物体"按钮，场景中已创建的水体中心会出现一个白色圆点，将光标移动到要删除的水面对应的白色圆点上，此时，白色圆点及选中的水体边界会变为红色，单击该红色圆点即可删除对应的水体（图3-4-11）。

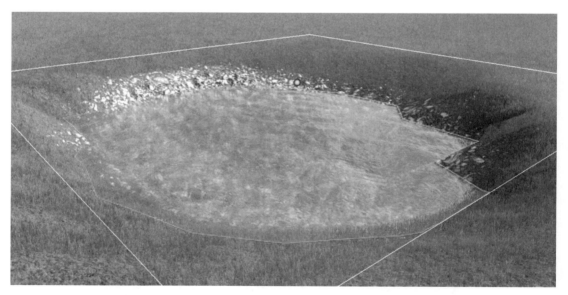

图3-4-11　删除景观"水"

③移动：点击"移动物体"按钮，场景中每个水体的外包矩形框的四角均会出现"上下移动"和"缩放"按钮。点击任一矩形角的"上下移动"按钮，拖拽鼠标左键，可以调节水体的高度。点击任一矩形角的"缩放"按钮，拖拽鼠标左键，可以调节水体面积。

④水体类型：该选项卡包含了海洋、热带水、池塘、山涧水、污水、冰面6种不同的水体

类型缩略图，点击任一缩略图即可将场景中的水体变为对应的水体类型（图3-4-12）。

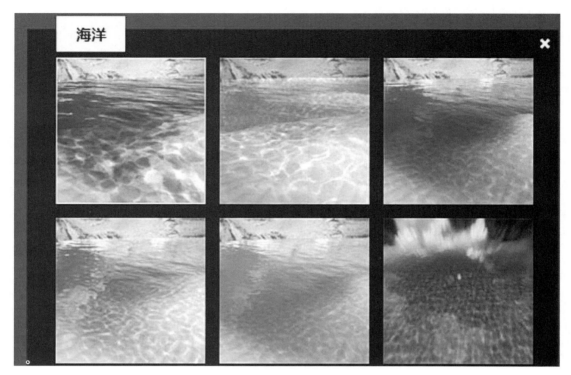

图3-4-12　水体类型选择对话框

3.描绘

如图3-4-13所示，为"描绘"面板。其具体操作为：在景观面板中点击"编辑类型"按钮（图3-4-14），弹出"选择景观纹理"面板，该面板中包含了42种景观纹理（图3-4-15），可在场景对应的地貌类型中应用笔刷选择所需的材质，然后调整到合适的笔刷速度、大小及材质比例，即可在场景地形上刷出各种不同的材质改变局部地貌。

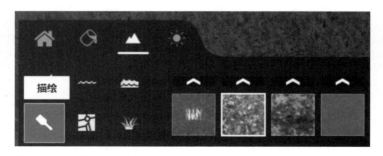

图3-4-13　"描绘"面板

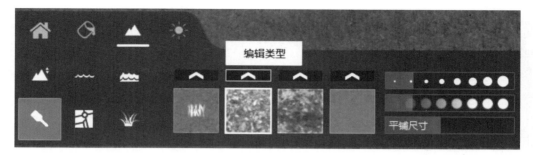

图3-4-14 "编辑类型"选择框

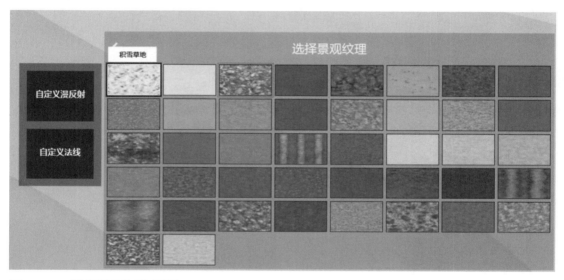

图3-4-15 "选择景观纹理"面板

　　还可以点击"选择景观"按钮（图3-4-16），打开"选择景观预设"面板，该面板中包含了20种地貌类型，如雪地、黄土高原、沙漠等，点击任一缩略图即可创建相应场景（图3-4-17）。

图3-4-16 "选择景观"按钮

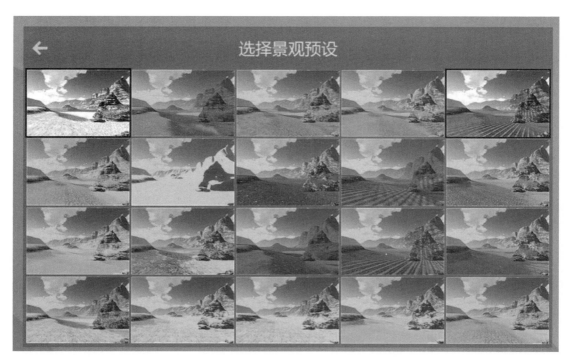

图3-4-17 "选择景观预设"面板

4.景观草

单击"景观草"按钮，点击位于其右侧的"开关"按钮进入"草丛"面板。该面板可以调整和添加场景中的草丛，以及在草丛中添加一些配景，具体可通过"草尺寸""草高""野草"等滑杆来调节草丛参数（图3-4-18、图3-4-19）。

图3-4-18 "景观草"按钮

图3-4-19 "草尺寸""草高"调整效果

与此同时，点击"编辑类型"按钮（图3-4-20），"选择草地目标"面板（图3-4-21），还提供了近60种草丛的配景，点击"草丛"面板下方的按钮可弹出配景库，每种配景均可调节"扩散""尺寸""随机大小"参数，从而使场景的画面更为逼真。

图3-4-20　景观草"编辑类型"按钮

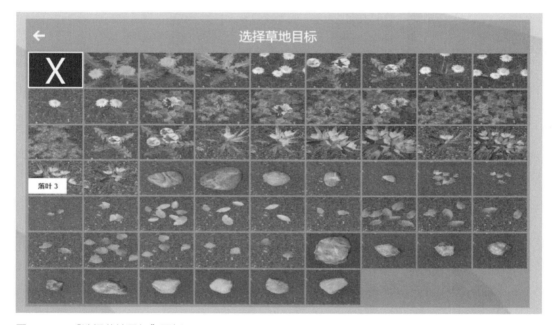

图3-4-21　"选择草地目标"面板

3.4.3　利用"素材库"面板布置环境植被及配景

1."自然"中、远植物配景

点击"素材库"面板中的"自然"按钮，再点击"放置"按钮（图3-4-22），弹出"自然库"面板（图3-4-23）。

图3-4-22　"自然"及"放置"按钮

图3-4-23 "自然库"面板

放置方式有"单一放置""批量放置""群放置""油漆放置"4种（图3-4-24）。

1—"单一放置"；2—"批量放置"；3—"群放置"；4—"油漆放置"

图3-4-24 "放置"命令栏

放置后的位置调整参考前文内容，并根据现场调查营造周围环境（图3-4-25）。

图3-4-25　环境营造效果

2.精细细节自然对象近景植物配置

点击"精细细节自然对象"按钮，进入"精细细节自然对象库"，可从中选择更精细的模型作为近景（图3-4-26、图3-4-27）。

图3-4-26　"精细细节自然对象"按钮

3."人和动物"面板

点击"人和动物"按钮，进入"人物和动物素材库"面板，通过该面板可导入自然配景、交通工具、声音、特效、室内用品、人或动物、室外物品、灯具8大类实物模型，并可对实物模型的位置、大小等属性进行编辑（图3-4-28、图3-4-29）。

实物模型的添加及编辑操作与导入模型、编辑模型的操作类似，具体操作参考前文。

图 3-4-27 "精细细节自然对象库"

图 3-4-28 "人和动物"按钮

图3-4-29 "人物和动物素材库"面板

4. "室内""室外"面板

点击"室内"或"室外"按钮（图3-4-30），会出现"室内库""室外库"面板，可以从"室内库"中、选择室内家具、电器等作为室内配景；也可以从"室外库"中选择路灯、垃圾桶等物体作为室外配景（图3-4-31、图3-4-32）。

图3-4-30 "室内"或"室外"按钮

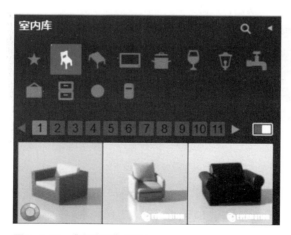

图3-4-31 "室内库"面板

图3-4-32 "室外库"面板

5.交通工具

点击"交通工具"按钮，会出现"传输库"面板，可以从"传输库"中选择汽车、轮船、火车等物件作为室外配景（图3-4-33、图3-4-34）。

图3-4-33 "交通工具"按钮

图3-4-34 "传输库"面板

6.灯光

点击"灯光"按钮，会出现"灯光库"面板，可以从"灯光库"中选择人造光源，甚至可以利用灯光配置渲染出夜景图片（图3-4-35）。

图3-4-35 "灯光"按钮

3.4.4 完成建筑周边环境

通过Lumion场景制作的四大要素为导入、天气、景观与物体，并对相应面板及参数的运用，结合实地调研，完成场景设置（图3-4-36）。

图3-4-36 完成场景搭建后模型效果

3.5 特效及场景输出

点击屏幕右下角"主控栏"的"拍照模式"按钮（图3-5-1），进入"场景渲染"面板，该面板主要用于场景添加特效并渲染输出静帧图片。

在前面天气与景观章节中已简单介绍了如何编辑天气参数，但是这些参数的调节往往无法达到预想的效果，如雨天、雾天、雪天等。因此，在"场景渲染"面板中，又为用户提供了一个新的功能，即"特效"—"添加效果"。

点击"特效"按钮，进入"选择照片效果"面板，该面板包含"特点""太阳""天气""天空""物体""相机""动画""艺术1""艺术2""高级"选项卡，可按需在场景中添加这8类特效（图3-5-2、图3-5-3）。

图3-5-1 "拍照模式"按钮

图3-5-2 "特效"面板

图3-5-3 "选择照片效果"面板

3.5.1 特效面板

1.特点

点击"特点"按钮，进入"特点"选项卡，在该选项卡中可调节场景中的正投影视图、两点透视、景深、照片匹配、真实天空、太阳、阴影、反射、超光、天空光、颜色校正、层可见性等参数。

2.太阳

点击"太阳"按钮，将呈现如图3-5-4所示的"选择照片效果"选项卡，包含太阳、体积光、太阳状态、体积光等选项。点击"选择照片效果"面板中的"太阳"命令，出现"太阳"面板，用户可通过控制面板中的各个滑杆来实现对"太阳高度""太阳绕Y轴旋转""太阳亮度""太阳圆盘大小"等参数的调节（图3-5-5）。在调节参数的过程中，可以通过屏幕右上方的预览窗口，观察参数变化后场景的效果。

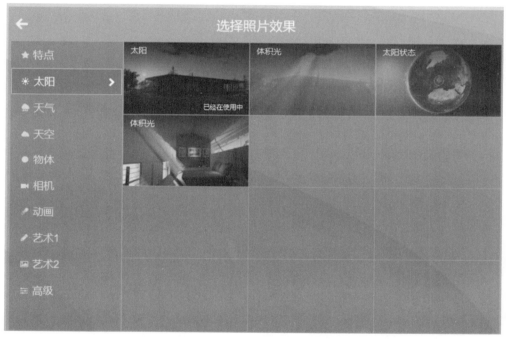

图3-5-4 "太阳"—"选择照片效果"面板

图3-5-5 "太阳"面板

双击"太阳"特效面板右侧的"垃圾桶"按钮，可以删除已添加的场景特效。

3.天气

（1）"雾气"。

点击"选择照片效果"面板中的"天气"按钮，进入"天气"选项卡。该选项卡中有"雾气"、"风"（"照片模式中无此功能"，需要在视频模式中才能使用）、"沉淀"3个选项（图3-5-6）。

点击"雾气"，在弹出的"雾气"面板中可对雾气的密度、衰减度、亮度及颜色等参数进行调节（图3-5-7）。

①雾气密度：用于调节雾气的密度，数值越大，视线越模糊。

②雾衰减：用于调节雾气的衰减程度，数值越大，视线越清晰。

③雾气亮度：用于调节雾气的亮度，数值越大，雾气越亮，视线越模糊。

另外，还可以通过对颜色面板的调节，调节雾气的色调，使画面呈现另一种风格。

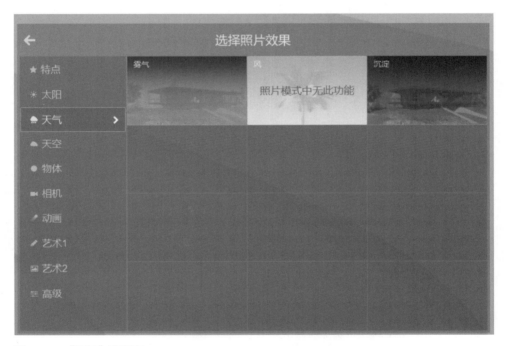

图3-5-6 "天气"选项卡

图3-5-7 "雾气"面板

（2）"沉淀"。

点击"沉淀"按钮，弹出的"沉淀"面板，可以添加雨或雪特效。"沉淀"面板包括雨/雪（降水效果偏雨或偏雪）、降水阶段（地面积水或积雪程度）、粒子速度、粒子数量、粒子大小、被植物和树木堵塞、堵塞距离、添加雾、堵塞偏斜、雨线、雨线大小、雨线抵消等参数（图3-5-8）。利用此项功能可以渲染出雨天场景效果（图3-5-9）。

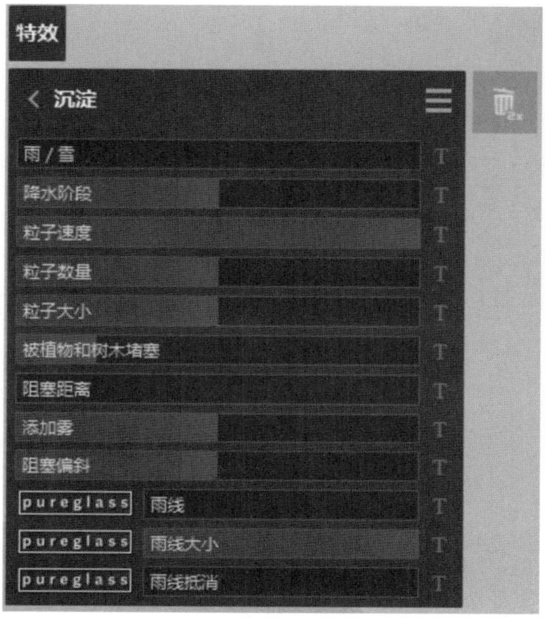

图3-5-8 "沉淀"面板

图3-5-9 雨天渲染效果

4.天空

点击"选择照片效果"面板中的"天空"按钮，进入"天空"选项卡。选项卡中有"北极光""真实天空""天空和云""凝结""体积云""地平线云""月亮"7种照片效果（图3-5-10）。

图3-5-10 "天空"选项卡

点击"真实天空"进入该面板，有Cloudy（多云）、Evening（傍晚）、Morning（早晨）、Overcast（阴天）、Sunset（日落）、Clear（晴朗）、Night（夜晚）7种天空选项卡，有近80种真实天空效果可供选择。由于该天空模式为球面天空，因此建议使用（图3-5-11）。

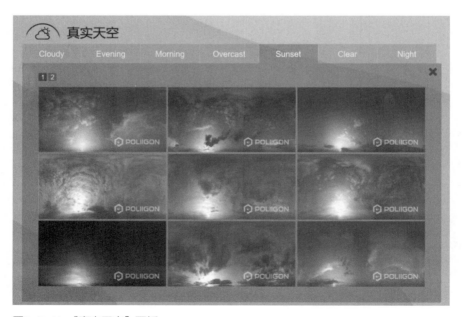

图3-5-11 "真实天空"面板

5.物体

在"选择照片效果"面板中点击"物体"按钮，进入"物体"选项卡，该面板可以添加"水"、"声音"（需在动画场景中使用）、"层可见性"、"秋季颜色"、"变动控制"5种效果（图3-5-12）。

图3-5-12 "物体"选项卡

6.相机

在"选择照片效果"面板中点击"相机"按钮，在弹出的"相机"选项卡中可添加"照片匹配""手持相机""曝光度（Exposure）""2点透视""动态模糊""景深""镜头光晕""色散""鱼眼""移轴摄影""正投影视图"等特效（图3-5-13）。如图3-5-14所示为"正投影视图"方式输出立面图示意。

图3-5-13 "选择照片效果"—"相机"面板

图 3-5-14　"正投影视图"方式输出立面图示意

7. 动画

在"选择照片效果"面板中点击"动画"按钮，可以在场景中控制物件动态效果，也可以录制动画视频（图 3-5-15）。

图 3-5-15　"选择照片效果"—"动画"面板

8. 艺术

点击"艺术 1"或"艺术 2"按钮，进入"艺术 1"或"艺术 2"选项卡，通过它提供的滤镜，可以输出有艺术效果的场景图。"艺术 1"可实现"勾线""颜色校正""粉彩素描""草图""绘画""水彩"等特效；"艺术 2"有"泛光""漫画""材质高亮""蓝图""油画"等特效（图 3-5-16、图 3-5-17）。

图 3-5-16　"艺术 1"面板

图 3-5-17　"艺术 2"面板

3.5.2　场景渲染

　　场景渲染面板除了可以对场景添加特效外，最重要的是可以对场景进行渲染，该面板包括预览、场景保存、渲染尺寸选择三大部分。

1.预览窗口

在预览窗口采用与场景编辑模式下相同的操作方式，可以调整摄像机拍摄的角度。同时，控制预览窗口下方的滑杆，可以改变摄像机的焦距（图3-5-18）。另外，该窗口也可在渲染时提供即时预览的功能。

图3-5-18　摄像机的焦距

2.场景保存窗口

场景保存窗口用于保存拍摄场景的角度，具体操作方法如下：先在预览窗口将场景调整到合适的角度，然后利用键盘上的"Ctrl"＋"数字键"即可保存，也可以将光标移到缩略图处，点击"保存相机窗口"按钮。如需切换到之前保存的场景角度，可以点击对应场景的缩略图，也可以利用键盘上的"Shift"＋"数字键"实现（图3-5-19）。该部分仅可以保存拍摄场景的角度，不能保存添加的特效。

图3-5-19　场景保存窗口

3.选择合适的渲染尺寸输出场景效果

点击"渲染"按钮（图3-5-20），弹出"渲染照片"对话框，该窗口提供了四种渲染尺寸（图3-5-21），单击任一类型的尺寸，将弹出文件保存路径及图片保存格式对话框，添加文件名并选择输出图片的格式和路径，点击"保存"按钮即可输出场景。

图3-5-20　"渲染"按钮

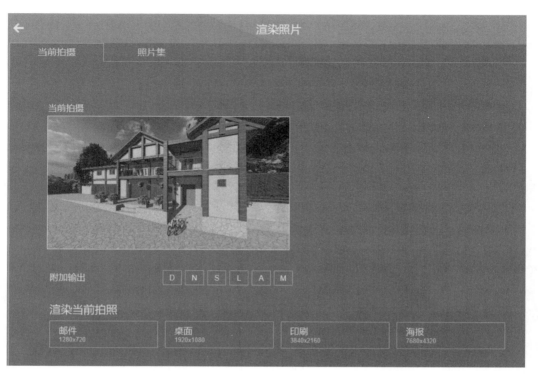

图3-5-21 "渲染照片"对话框

3.6 照片匹配——实景融入

本节通过村民活动广场改造案例，介绍"特效"面板"相机"选项卡中的"照片匹配"命令在乡村改造设计中的实际应用。

①分析节点改造要求：根据调研，需对村民活动广场进行适当改造，将现有石砌建筑加固后作为村博物馆，拆除广场左侧正中间卫生间（右侧已新建卫生间），对广场铺装重新进行设计（图3-6-1）。

需加固改造建筑 拆除并新建戏台 场铺装更具民族特色

图3-6-1 村民活动广场改造现状

通过征求村民代表建议，对修改部分建筑及广场铺装结合现场实测进行SU建模，并在Lumion中修改色彩及材质（图3-6-2）。

图3-6-2　村民活动广场改造SU模型导入及材质赋予

②点击"特效"面板，选择"相机"选项卡中的"照片匹配"命令（图3-6-3）。

出现"照片匹配"对话框，点击"编辑"命令，再点击"加载照片"命令，出现"文件"对话框（图3-6-4、图3-6-5）。在计算机存储路径中找到现状照片的位置，载入Lumion。

图3-6-3　"照片匹配"命令

图3-6-4 "编辑"命令

图3-6-5 "加载照片"命令

③点击"放置参考点"命令，在导入的模型中移动白色参考点，找任一角点作为"参考点"（图3-6-6、图3-6-7）。

图3-6-6 "放置参考点"命令

图3-6-7 在Lumion模型界面中"放置参考点"

④调节"放置参考点"命令下方"方向"和"缩放",模型呈现半透明影像,通过"缩放"和"方向"旋转,使模型与照片适当重合(图3-6-8)。

图3-6-8 "方向"和"缩放"工具条

⑤通过"左侧显示框"或"右侧显示框"控制红色X1和X2轴,以及蓝色Z1和Z2轴,进行透视调整,直至完成照片匹配(图3-6-9、图3-6-10)。

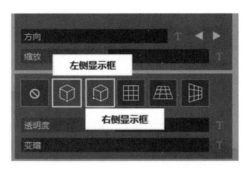

图3-6-9 "左侧显示框""右侧显示框"命令

图3-6-10 参考轴透视调整

⑥调整到与照片融合后,点击屏幕右下方"√"符号,即可完成照片匹配实景融入效果(图3-6-11)。

图3-6-11　融合照片后的效果

　　⑦运用PS软件适当添加配景并美化，完成村民活动广场节点实景融入的效果图制作（图3-6-12）。

图3-6-12　村民活动广场节点实景融入效果图

该效果图由于与实景匹配，既能体现改造后效果，又容易得到村民认同。

第4章 城市设计

4.1 城市设计任务介绍

4.1.1 概述

城市设计是人类有目的的对城市发展过程进行干预、引导、构建与改善的方法、手段与行为。当代城市设计的趋势是越来越关注人文和强调城市秩序。由于规划面积的尺度不同、编制的目的与导向不同，城市设计项目也分为不同类型，包括研究型城市设计、实践型城市设计、总体城市设计、重点地段城市设计、愿景型城市设计、管控型城市设计、新建型城市设计和更新型城市设计等。

城市设计是城乡规划专业本科的必修课程。该课程内容包括掌握城市设计的空间分析方法和调研技艺，以城市设计理论与方法综合全面调研分析现状，提出城市设计目标及策略；掌握多视角观察城市问题的方法，培养城市问题研究及综合协调利益冲突的能力，认识城市空间背后的复杂社会、文化、行为关系；培养对城市空间敏锐的观察能力，以及对社会文化空间公平客观的支持态度，并能够运用丰富的专业知识和手段分析城市问题，建立和培养"以人为本"的设计理念和方法；培养学生团队分工协作和解决较复杂的城市设计问题的能力。

4.1.2 教学要求

①掌握城市设计的基本理论与方法，及城市设计在城乡规划中的地位与作用，具有城市设计的能力。

②掌握城市设计的内涵、发展历程、设计要素、类型、设计方法等基础理论。

③在设计构思中进行地域性分析和在地性论证，需将其作为重要内容，分解地域性所拥有的显性及隐性特色要素，在方案构思和设计中进行分析和体现。

④能够从创新的视角观察城市，结合规划地块周边外围条件与基地本身的现状，结合与城市发展相关的如社会学、经济学等，从项目区位、功能、交通、绿化、公共服务设施、文化、生态、城市物质空间等角度调研城市发展现状及存在问题。

⑤能够用创新的研究方法分析城市，结合规划地块及周边的现状条件，运用新的研究方法分析城市现状和构思方案，如运用互联网、大数据、生态学、材料学、环境心理学、艺术美学、经济学、管理学等学科的知识解决城市问题，鼓励方案构思过程中采用多学科交叉的方式进行分析。

⑥能够发现创新的研究内容，善于观察、发现城市运行过程中新的研究对象，发掘新的研究内容，如城市中超市餐饮布局与城市能源消耗的关系、城市有机垃圾与城市发展的思考等。

⑦能够运用创新的表达形式展现研究成果，如数据可视化技术的运用、模拟模型技术的运用、多方案对比等。

⑧提出以塑造具有地域特色风貌为目的的规划设计策略、措施。

4.1.3　城市设计的编制流程、内容和成果

1.编制流程

从城市设计的思考方式及项目实践来看，可以将城市设计的编制程序总结为研究破题、模式章法、方案呈现3个步骤。

（1）研究破题。

研究破题可以说是城市设计中最为核心的环节，在一个项目的思考过程中，首先需要发觉其最核心的价值所在，然后通过规划设计手段对城市建设进行预先谋划。规划设计的价值逻辑本身也是一个从价值发现到价值创造，最后到价值实现的过程。这种价值逻辑是所有城市设计项目中最基本的思考方式，在强调实施性的项目中尤其重要。

（2）模式章法。

功能组织是规划设计的核心内容，一个规划方案的功能布局应该具有相当严密的逻辑，它包括功能的组织、分区、匹配与关联互动，也包括功能内涵与容量，根据不同的功能与空间组织需要形成不同的模式、秩序与章法。

（3）方案呈现。

方案呈现指的是在方案空间中落实理念与价值体系。城市规划设计以空间为载体，塑造城市空间也是规划设计的主要目的与核心任务。

城市空间有多种表现和塑造形式，通过富于创意的空间组织的塑造来适应功能需要，实现预期价值。在空间诸多特质中，空间尺度、空间关系和空间边界是最为重要的，需要在规划方案中重点考虑。城市设计是城市空间塑造的主要手段，包括以下要点：山水格局、城市肌理与形态、开敞空间系统、建筑群落与建筑风貌、场所活动与环境艺术。

2.编制内容

城市设计的编制成果内容包括项目前期调研的分析图、针对现状问题提出的策划示意图、策划实施空间落实的方案设计图，以及节点和效果展示的效果图四部分。

前期调研分析主要包括：区位分析、交通分析、土地利用分析、现状配套设施分析、整体环境分析、建筑分析、街区尺度分析、文化遗迹分析等。

策划示意图主要包括：规划发展的目标及定位、发展方向及主要内容。

方案设计部分主要包括：规划总平面及配合方案解释的各类分析图，如规划总平面、功能分区、土地利用规划、道路交通系统、慢行交通系统、生态景观系统、公共服务设施、文化展示规划等。

节点和效果展示部分包括：节点设计放大图、重点建筑单体意向图、整体鸟瞰图等。

3. 成果表达

一套成果图纸，是应对任务要求后规划设计方案生成的逻辑体现，其图纸顺序与内容和方案的生成逻辑（规划背景解读—现状条件分析—解决策略提出—规划方案生成）相对应，其成果内容包括前期背景分析图、现状调研分析图、概念策划示意图、方案设计图、方案分析图及整体鸟瞰与重要节点的效果展示图六部分。

（1）分析类图纸。

分析图作为图集成果的一部分，指设计人员用图解语言形式概括表达具体的或抽象的设计内容，方便人们直接观察和解读原本的设计内容，是规划方案解读的重要手段（图4-1-1）。

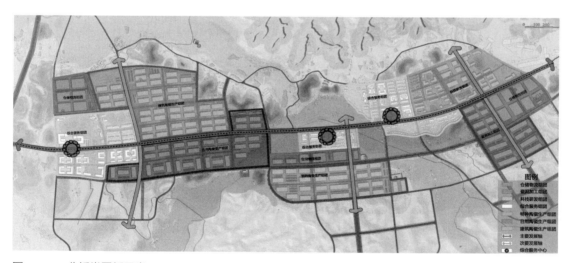

图4-1-1 分析类图纸示意

（2）策略类图纸。

策略类图纸表达的重点是方案的生成思路，突出的是针对现状问题的解决过程。策略类图纸可以是简略文字引导下的推演过程，也可以是落实于方案的空间推演过程（图4-1-2）。

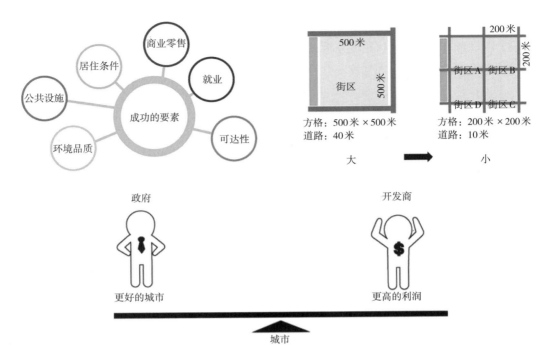

图4-1-2 策略类图纸示意

（3）规划类图纸。

规划类图纸是规划方案的表达，是按一般规定比例绘制，对空间设计中包含的建筑物、构筑物的方位、间距以及道路网、绿化、竖向布置和基地临界情况等进行总体布局，同时注意表达规划建筑群落与周围环境（原有建筑、交通道路、绿化、地形等）基本情况的图样（图4-1-3）。

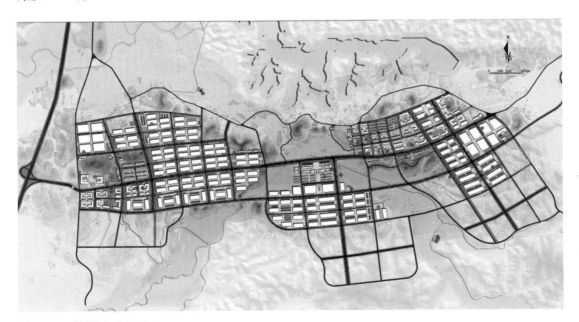

图4-1-3 规划类图纸示意

（4）鸟瞰类图纸。

鸟瞰类图纸立体三维地展示出空间设计中的建筑物、道路网、绿化、竖向布置和周围环境（原有建筑、交通道路、绿化、地形等），此类图可以利用Lumion渲染生成（图4-1-4）。

图4-1-4　鸟瞰类图纸示意

4.1.4　成果绘制与表达

在了解城市设计的编制程序后，我们以一个案例来具体展示在设计方案完成后如何利用计算机辅助设计进行完整的表达。由于本章主题的限制，本章重点阐述城市设计方案及相关分析图纸的软件表达。

1.项目概况

该项目位于湖南省东南部，是湖南省南部重要的门户县的县城南端，是县城实现与地级市融城的重要的前沿地域。

2.项目成果

项目成果需采用A3尺寸、彩色打印图，并按序装订成文本。

（1）成果内容。

成果内容应包括彩色封面、设计说明书与技术经济指标、彩色鸟瞰图、节点透视图、规划总平面图、节点放大平面图、概念策划图、现状分析图及规划分析图等。

（2）设计成果表现用到的计算机软件。

在完成CAD设计图的基础上，表现设计成果效果的计算机应用软件主要为：

①PS：绘制彩色总平面效果图、立面图及各类分析图。

②SU：建立建筑模型、场地模型。

③Enscape：渲染全景鸟瞰图、节点透视图。

④ID：综合排版设计。

3.设计流程

在完成基础资料收集整理的工作之后，针对现状问题及需要提出策略，基于策略进行空间规划，完成CAD方案绘制，最后通过PS软件进行彩色总平面图及各类分析图等设计成果的绘制。

4.2 PS绘制城市设计总平面图纸的表达要点及步骤

4.2.1 表达要点、要求与特点

1.总平面图纸表达要点

总平面图纸的两个表达要点：遵循美学原理和表达设计意图。

若图纸仅针对美学的表达只能算作绘图，而城市设计总平面图纸需要突出的是更深层次的理解逻辑与设计思想之间的关联，规划师的图纸所传达的信息应是超出美观的。

总平面图纸又可简称为"总图"，一张美观的总图具备的三个特点：重点突出、整体融合、质感一流，即需要突出表现重点与层次、注重色彩统一与和谐、注重区分绘图材质。抓住这三个特点，将总图的绘制逐一分解成为建筑、道路、场地（停车场和广场）、绿地、水面的表达集合，通过不同材质的叠加、重点的突出和背景的过渡，形成一张内容丰富的总图。

同时，总图表达要包含工程性与艺术性，即工程图纸与艺术图纸是总平面图的两个角色，工程图纸中的驱动力是解决问题，艺术图纸中的驱动力是表达自我。作为工程图纸时，突出修建性及详细规划的作用，对建筑物、各级道路、广场、绿化以及相关基础设施进行统一的空间布局，用以指导建筑设计、各项工程设施设计。

2.总平面图纸的要求

明确标示建筑、道路、停车场、广场、人行道、绿地、水面；明确各建筑基地平面，标明建筑名称、层数；标明周边道路名称，明确停车位布置方式；标示广场平面布局方式；明确绿化植物规划设计等。同时注重在图纸上表达美，表达设计理念及意图，重点认识规划价值观、人文关怀、对美的认识、对历史的态度。

3.美观的总平面图纸的特点

美观的总平面图需要突出关键区域的重点，让人能迅速找到重点。同时，重点的表达要

城乡规划计算机辅助设计

与周围融合，就像红花与绿叶的关系，同时注重提高图纸的像素，使用写实的肌理与比例，增加图面质感（图4-2-1）。

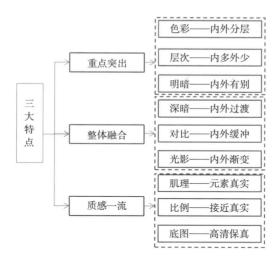

图4-2-1 CAD总平面特点

4.2.2 总平面图纸PS绘制步骤

1. CAD线稿整理并导出

CAD线稿绘制过程中每一个类型的要素设置为一个图层（图4-2-2）。在CAD绘制完毕后，利用打印机导出线稿，按照建筑、道路、水域、绿化及广场及铺装导出。

导出方式为在菜单栏选择"打印"选项，选择虚拟打印机，按照自己的需要选择图纸尺寸及打印范围，打印样式通常设置为"monochrome.ctb"，能确保导出的图纸线条都为黑色，完成后点击"确定"即可导出eps格式文件（图4-2-3）。

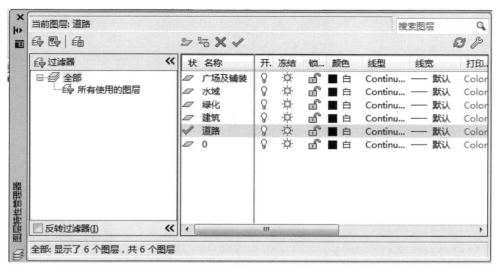

图4-2-2 CAD图层设置

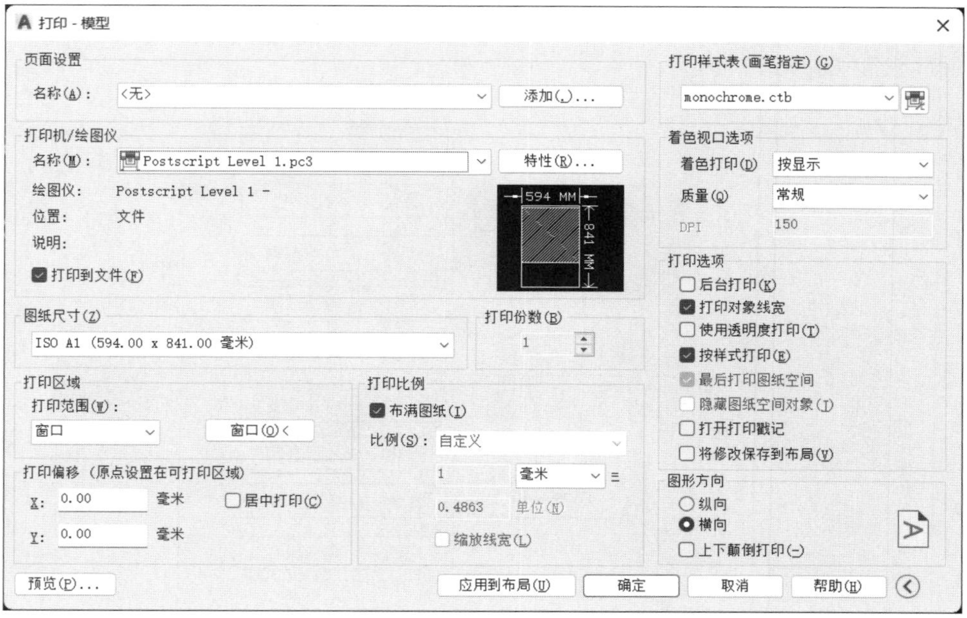

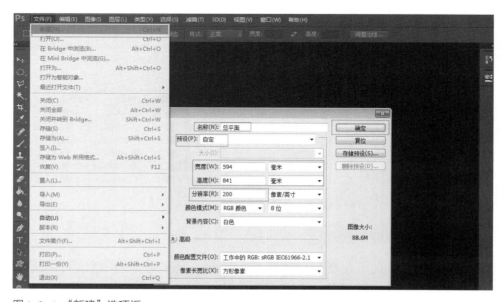

图4-2-3 "打印"选项板

2. 将导出的eps格式文件导入PS

双击PS软件，出现PS界面后点击"文件"—"新建"（快捷键"Ctrl+N"），出现"新建"选项板后，点击"名称"框输入本次编辑图的名称，"预设"框中进行大小设定，大小依据出图大小设置，通常总平面图设定为A1大小，分析图为A3大小，A3以上尺寸需在"预设"框处选择"自定"，并在下面"宽度""高度"处输入图纸大小，本示例宽高输入594毫米、841毫米，"分辨率"通常设定200像素/英寸。最后点击"确定"（图4-2-4）。

图4-2-4 "新建"选项板

3. PS图层文件的排序

生成PS总平面图文件后，在PS中点击"文件"，下滑鼠标选择"置入"功能，出现文件夹选项框后点选前面导出来的所需要的文件，点击"置入"让文件进入PS画布后，按"Enter"键确定，重复操作，这样可以保证不同的文件按照CAD位置坐标进行布置，进行同一位置的层层叠加（图4-2-5）。左键点击图层上下移动调整排序，按照实景进行排序，即建筑位于最表层，水、草、铺装等位于底层（图4-2-6）。

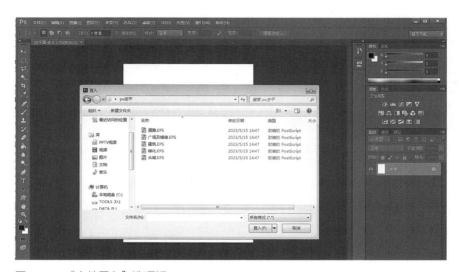

图4-2-5 "文件置入"选项板

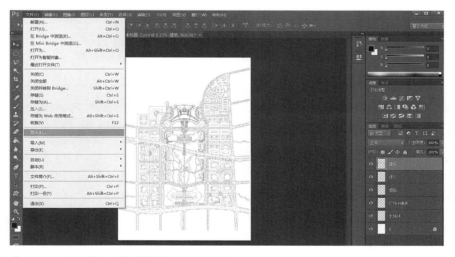

图4-2-6 文件置入后的完整图面即图层排序

置入后的文件若线条不够明显，可点击图层往下拖至"新建图层"图标处，可自动生成新复制图层；移动鼠标至新复制图层点击鼠标左键选中，将其图层模式设置为正片叠底，图层中要素会明显加深；最后按住"Ctrl"，移动鼠标选择两个要素相同的图层，点击右键后选择合并图层（图4-2-7）。

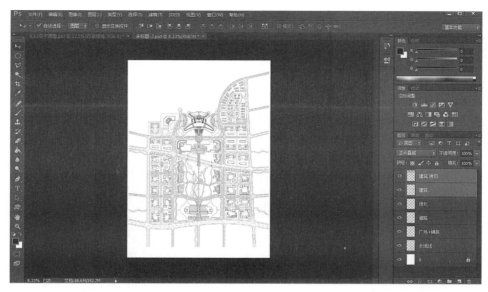

图4-2-7　图层复制及图层模式选取

4.用地底图填充

PS总平面图线稿置入时，表达要结合主题，本案例需烘托生态及功能复合主题，因此，在颜色选用上以大面积绿色及小范围彩色为主，绿色为底色，小范围彩色为重要空间节点的颜色。同时为了突出色彩的层次，增加图面效果，选用同一色系不同颜色在同一功能区进行随机变化处理，浅色作为空间打底，深色作为空间设施的引导。

首先填充广场铺装色彩，为了防止操作过程中对原有线稿图层产生影响，新建一个图层，双击新建图层修改名字。左键点击"前置颜色"框，出现"拾色器"界面，点击需要的颜色（一般铺装为黄色系），点击"确定"，调整好需要的颜色（图4-2-8）。

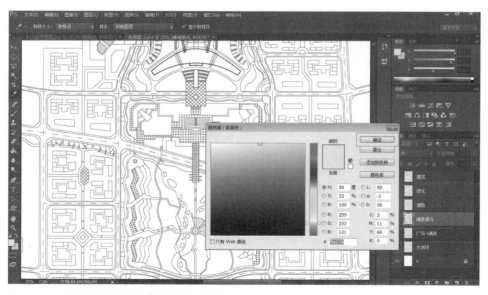

图4-2-8　底色填充准备及"拾色器"界面

选择"填充"工具，填充内容处选择"前景"，模式选择"正常"，铺砖不需要透明，所以不透明度为100%，容差可设可不设，本案例设置为2，同时勾选"消除锯齿""连续的""所有图层"（图4-2-9）。

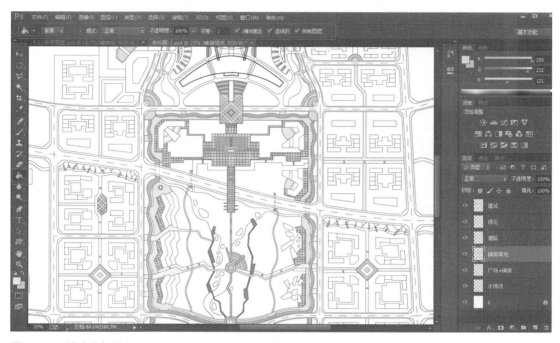

图4-2-9　铺砖底色填充

　　重复上面的步骤填充绿地，在需要示意山体的地方，可以利用"套索"工具。左击"套索"工具，移动鼠标选用"多边形套索工具"，为了使线条柔和，在上方设置20像素羽化，勾选"消除锯齿"，再用鼠标在界面绘制山体轮廓，绘制线条首尾相连后自动生成区域，可用"油漆桶"工具进行颜色填充（图4-2-10、图4-2-11）。

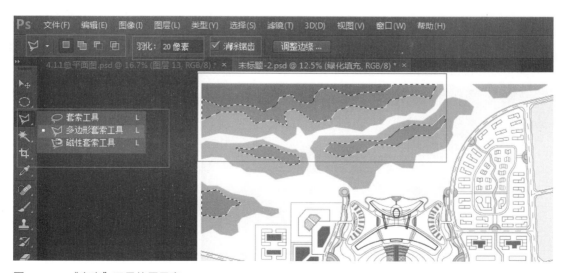

图4-2-10　"套索"工具使用示意

图4-2-11　绿化底色填充

　　以同样的方法填充水体，但在水域填充中要注意图层效果的设置，为了营造水面下凹的效果，可对图层进行内阴影特效设置。左击鼠标选择图层，选中后点击下方"Fx"，选择"内阴影"，内阴影混合模式选择"正片叠底"，默认75%不透明度，调节距离像素设置黑影大小，具体依据图纸表达需要设置，本案例设置为10。设置完毕点击"确定"（图4-2-12、图4-2-13）。

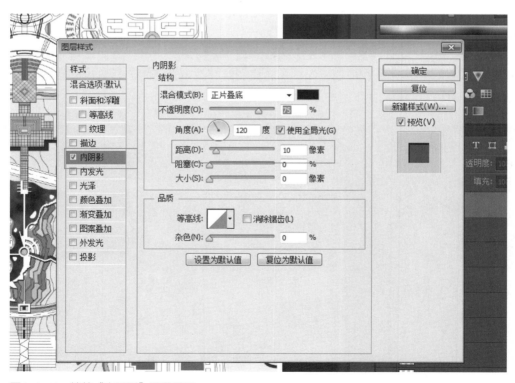

图4-2-12　特效"内阴影"设置界面

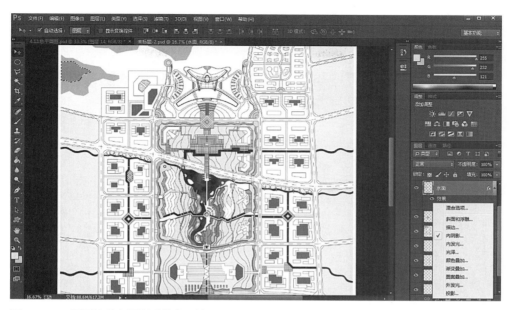

图4-2-13　设置特效内阴影后的水面效果

5.建筑物表达

建筑是规划图纸的重点，要凸显其空间轮廓特征及变化，图面要能表达出建筑的高低特征，因此建筑颜色以简洁为主。新建图层"建筑填充"，填充图层位于原建筑线稿图层之下，填充为白色。因建筑较多且零碎，不易一个一个填充，可利用"魔棒"工具。点击选择建筑线稿图层，再点击"魔棒"工具，勾选"消除锯齿""连续"，不勾选"对所有图层取样"。然后鼠标点击建筑轮廓外空间，这样便选择了所有建筑外空间（图4-2-14）。

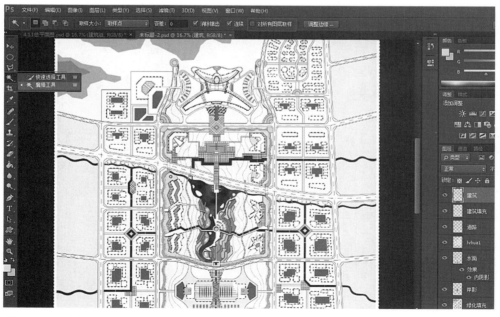

图4-2-14　建立建筑外统一选区

完成以上操作后再点击右键，在出现的选项中点击"选择反向"，便得到了建筑区域（图4-2-15）。

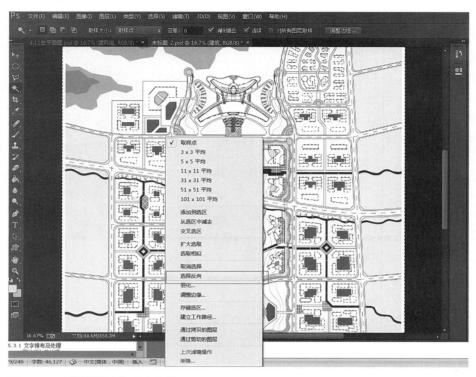

图4-2-15 "选择反向"命令使用

鼠标重新点击"建筑填充"图层，点击"后置颜色"面板，调为白色，然后按快捷键"Ctrl+Delete"，"后置颜色"对所选区域进行统一填充（图4-2-16）。

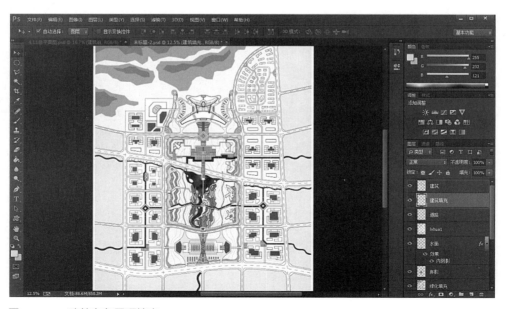

图4-2-16 建筑白色屋顶填充

从SU中导出带有阴影的平面图，置入画布，选择"建筑阴影"图层，放在"建筑填充"图层下，设置图层模式为正片叠底。按快捷键"Ctrl+T"，选取图层所有内容，在下图所示小方框处拖拉图面调节阴影大小与建筑对齐后，按"Enter"键确认（图4-2-17）。

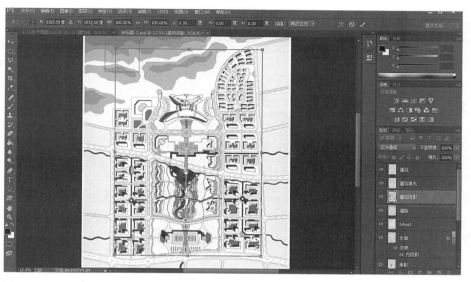

图4-2-17　建筑阴影设置

6.地表丰富与梳理

地表丰富可以通过填充材质或颜色变化来实现，本案例主要以颜色变化为主。首先，新建图层，命名为"绿化变化"。将图层模式设为正片叠底，填充设为60，以便颜色可以渗透。使用"画笔"工具在图面的绿地处进行随机打点，点的大小可通过"大小数值"框进行调节（图4-2-18）。

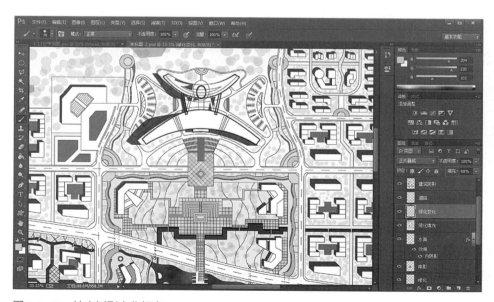

图4-2-18　地表树影变化打点

新建"树木"图层，置于"绿化变化"图层之上，利用"画笔"工具沿道路三五成群打点代表树木，广场上结合空间铺砖点缀为主。设置图层不透明度为80%，点击"Fx"，为图层设置描边特效及投影特效（图4-2-19）。

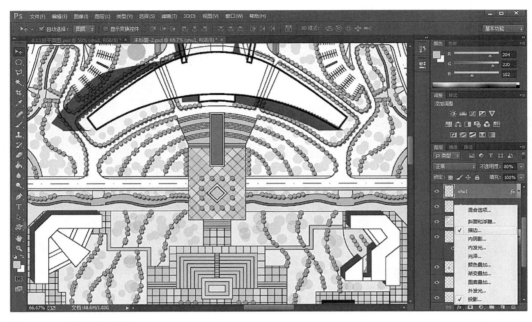

图4-2-19 地表种树打点

点击"Fx"，出现任务栏，点击"投影"，出现"图层样式"，勾选"投影"，混合模式处选择"正片叠底"，不透明度默认75%，角度默认120，距离设置依据图面效果（图4-2-20）。

继续勾选"描边"选项，对所画圆点进行描边，设置大小为1，位置为外部，混合模式正常（图4-2-21）。

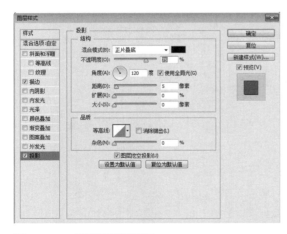

图4-2-20 投影特效设置框

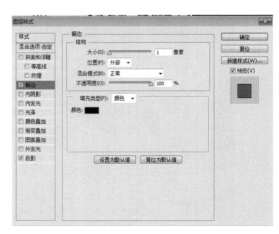

图4-2-21 描边特效设置框

重点区域绘制双行树进行空间强调，一般区域用底色，用"画笔"沿路及绿化布置后，得到绿化分布图（图4-2-22）。

图4-2-22　绿化布置分布示意

　　如果总平面图缺少暗色，可以利用"油漆桶"工具如前述步骤对道路及湖面填充部分深色，并在部分树木旁画暗色圆点，同时叠加GIS导出的地形图，增加周围的纹理感。GIS图层设置不透明度为50%，图层为正片叠底模式（图4-2-23）。

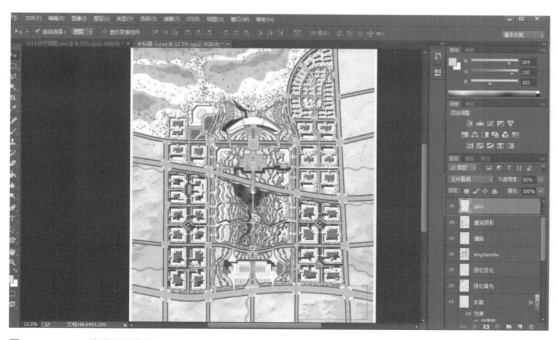

图4-2-23　GIS纹理设置效果

7.图面规范与标注

总平面图中需对图面层高、道路名称、节点序号、文字解释等进行标注。

点击右下"新建组文件",弹出一个新组,将其重新命名为"层数"。点击层数组后,再点击"T"文字符号,上侧方框选择字体为黑体,大小为12点,点击"颜色"选取黑色后点击"确定",鼠标移动到图面内,在建筑的左上角进行文字输入。道路名称、图例以同样方法标注(图4-2-24~图4-2-26)。注意将原始地形图线稿置于最上方图层,以便总平面图的地形识别。

图4-2-24　新建组示意效果　　图4-2-25　文字工具使用

图4-2-26　最后标注效果图

4.3 PS绘制分析图表达要点及步骤

4.3.1 表达要点及绘制技巧

1.分析图的表达要点

分析图的表达要点主要包括三部分：有结论、突出重点、清晰直观。

（1）分析图要以结论导向。

分析图绘制要以结论导向，一定要想清楚通过分析表达要得出的结论，而此结论也是设计的要点。

（2）分析图的表达要突出重点。

突出重点即引导阅读者发现结论的关键，在分析图表达中，要突出重点，可以用纹理变化或色彩变化的对比突出要素，同时使图面有主次关系，既有重点，又可突出次要部分的关系。

（3）清晰直观的图面效果。

图纸要注重底图与图面要素表达之间的关系，底图不宜过于明显，重点是要素的表达清晰直观。图示中可采取图标与文字相结合的标示模式，以增加易读性。

2.分析图绘制技巧

第一，一张图只说一件事。不要尝试用一张图表达多个主题，这样容易让人找不到重点。

第二，可以利用人物赋予空间动态、营造氛围，以不同人的行为来强化空间特征及氛围。

第三，利用点、线、面要素，点位于要素中最上层，线表达指向性，面用来表达一定范围区域。

4.3.2 分析图绘制步骤

1.概念、策略类分析图

（1）生态策略图绘制示意。

规划充分尊重自然地形，在减少土方工程量的同时，通过对地形变化的细致把握，营造坡地建筑、过街平台、城市剧场、水岸梯田、密林草坡等多处特色景观。在图纸表达上，利用素材在PS内进行绘制，绘制高差与植物搭配，绘制净水、绿藻，具体绘制步骤如下。

①梳理概念逻辑，利用"矩形选框"工具勾选范围、填充色块、制作底图（图4-3-1）。

②利用"画笔"工具绘制直线及斜线，得到文字标注间隔，利用"自定义形状"功能绘制箭头，并利用"横排文字"工具选取适当的位置进行文字标注，通常文字字体选择"微软雅黑"。选择对应过滤石材、植物类型，对应文字布置照片，在照片布置过程中利用"移动"工具选取照片，选取后按快捷键"Ctrl+T"，缩放图片大小，多余部分可利用"矩形选框"工具圈选范围，删除后进行整齐排放（图4-3-2）。

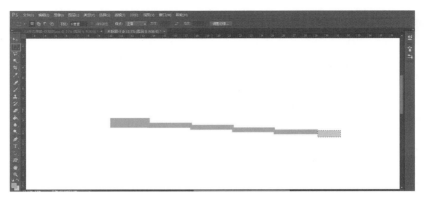

图4-3-1　概念逻辑色块绘制

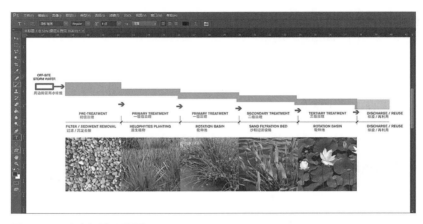

图4-3-2　文字标注及配图

　　③利用"矩形选框"工具在原有黄色底图上选取下垫面范围，点击右键选择"填充"，填充内容选择自定义的石头图案（图4-3-3）。再在填充内容上利用"移动"工具调节树、人、植物、云雨等位置与大小，得到生态环境营造示意图（图4-3-4）。

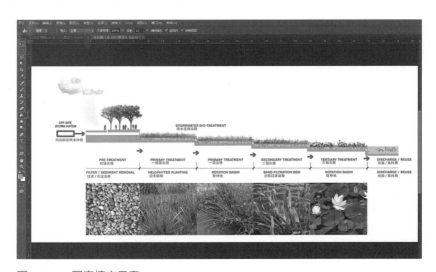

图4-3-3　图案填充示意

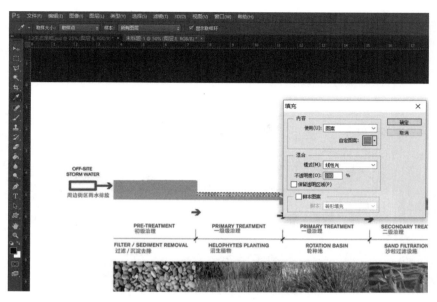

图4-3-4 素材添加示意

（2）空间策略图绘制示意。

设计运用"双尺度城市空间"的营造手法，满足人们对城市空间不同的心理需求。"双尺度城市空间"既相对独立，又紧密联系，使人们各得其所，充分领略丰富城市空间带来的愉悦感受。利用黑白土地关系暗示空间变化，利用鲜艳色彩暗示功能复合变化。

采用PS线条描边绘制+色块填充，绘制出大小不一的方格色块代表尺度不一的地块，具体绘制方式如下：

①依据网格大小表达地块尺度大小的概念，利用"标尺"工具设定好绘制区间，划分好网格大小，利用"矩形选区"工具进行灰色与黑色地块填充，利用"画笔"工具绘制划分白线（图4-3-5）。

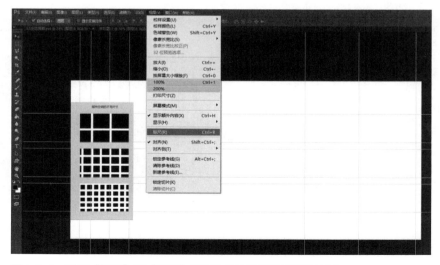

图4-3-5 利用"标尺"和"填充"工具的地块空间尺度概念绘制

②将建筑体块、标识、人物等素材放入固定位置，并利用"横排文字"工具进行标注。图示要素用"选区"工具进行范围框选，右键选择"描边"绘制实线，虚线利用"画笔"绘制，选取"画笔"后点击"画笔预设"，选取方形笔头，增加画笔间距，然后退出"画笔"，选择"钢笔"工具绘制曲线与方框路径，路径确定后右键选择"画笔描边"（图4-3-6）。

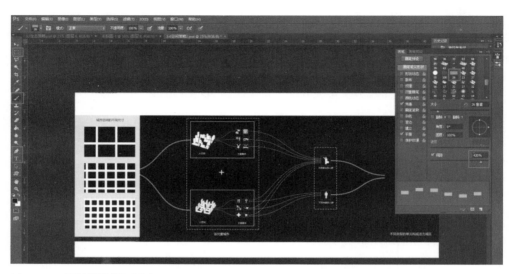

图4-3-6　画笔预设版面示意

③新建图层，利用"矩形选框"工具选取范围并精心描边，利用"椭圆选框"工具绘制主体黄色块，再继续利用"椭圆选框"工具绘制圆点，利用不同颜色填充，示意多元融合概念（图4-3-7）。

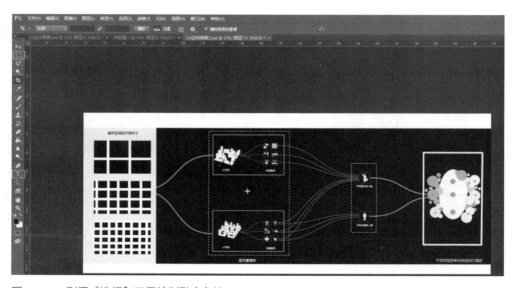

图4-3-7　利用"选框"工具绘制融合色块

（3）交通策略图。

交通驱动概念指以多种交通方式叠加，形成完善的交通流线，同时配备不同类型的公共设施，构建丰富多彩的城市公共生活，吸引人们自发出行，激发地块活力。在图纸表达中，注重对驱动力的形容。

①利用"矩形选框"工具，并选取不同颜色进行填充，以代表不同地块，不同色块表示规划范围内的地块分布示意，做好范围底图（图4-3-8）。

图4-3-8　利用"选框"工具的交通驱动范围底图绘制

②新建图层，再利用"椭圆选框"工具绘制圆圈代表重要节点，添加图层样式内阴影效果，调节图层不透明度，增加透明性，显示下一图层地块位置。在关键节点处利用"钢笔"绘制示意驱动的齿轮，代表区域核心（图4-3-9）。

图4-3-9　点状要素添加示意

③新建图层，利用"画笔"及"钢笔"绘制虚线，代表节点连接路径，利用"自定义形状工具"绘制箭头，将图示元素缩小放置于左上角，利用"文字"工具标注图示、图例，解释图面要点（图4-3-10）。

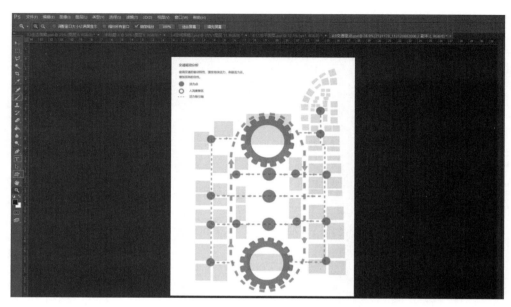

图4-3-10　标注及虚线绘制

2.规划分析图示例——步行空间分析图示例

①利用PS打开规划总平面图，点击"图像"—"图像大小"，调节图像大小，图像不宜过大，分析图一般采用A3大小即可。依据需要，本案例将图像的高、宽设为24.78厘米、19.08厘米，点击"确定"（图4-3-11）。

图4-3-11　图像大小设置

②设置完图像大小后，将总平面图去色作为底图。点击总平面图所在图层，按快捷键"Ctrl+U"，调出"色相/饱和度"面板，拖动三角符号降低饱和度对底图进行去色，具体去色程度按需设置，本案例为-92。同时，增加图纸明度，数值为+45，最后点击"确定"做好底图（图4-3-12）。

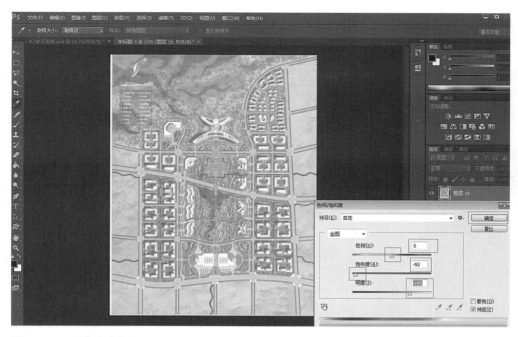

图4-3-12　图像大小设置

③确定底图后开始绘制节点，利用"画笔"工具或"椭圆选框"工具打点，利用不同颜色和大小的点区别其重要程度（图4-3-13）。

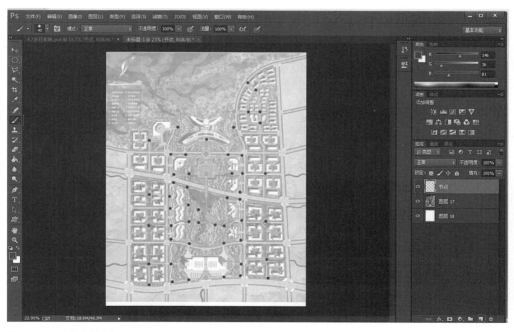

图4-3-13　节点绘制

④绘制完节点后，新建道路图层，注意要将道路图层拖至节点图层下方，点击"钢笔"工具，依据底图绘制道路路线，绘制完毕后点击右键，出现任务栏后选择"描边"路径，然

后选择"画笔"工具，绘制的线条大小、颜色要先在"画笔"工具中设置好（图4-3-14、图4-3-15）。

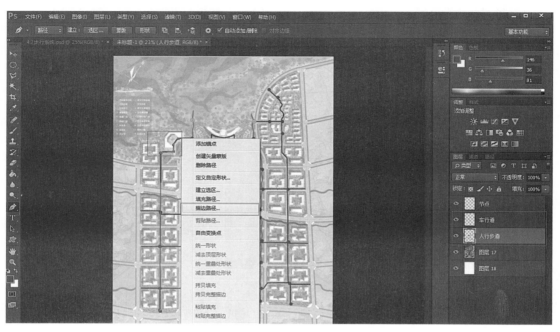

图4-3-14　道路绘制

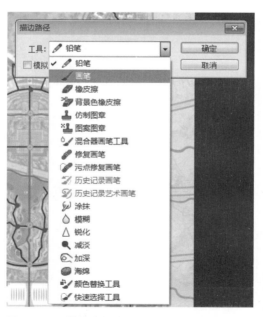

图4-3-15　描边路径选取

⑤道路一般会绘制道路通往方向的箭头，新建图层，命名为"箭头"，选择图层后，点击"自定形状"工具，选择箭头形状，在图面所需位置绘制及调整大小，确定后点击右键填充即可（图4-3-16）。

⑥可以利用小人素材增加氛围感，在画面空白处、右下角标注图例，利用文字工具标注文字解释，文字通常选用微软雅黑，大小依图面需要而定（图4-3-17）。

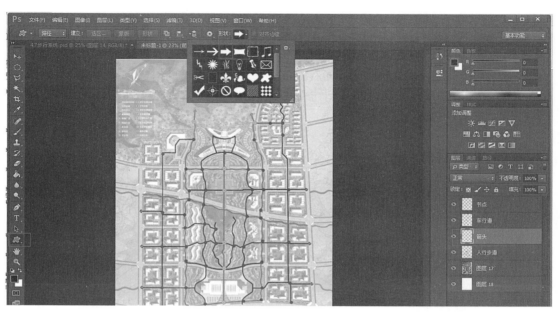

图4-3-16　箭头绘制

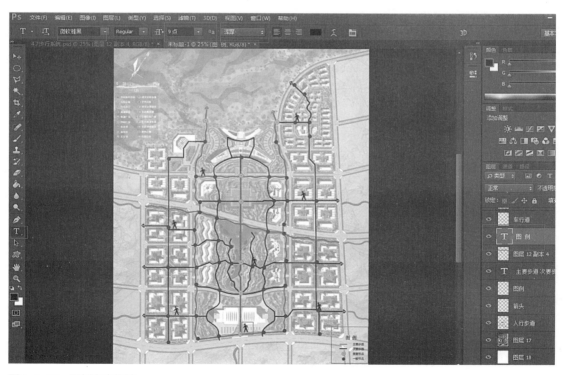

图4-3-17　图例文字标注

4.4 软件综合利用的城市设计案例表达

4.4.1 研究范围表达

在案例项目的研究范围表达中，可以利用"套索"工具对各行政区域按行政范围进行勾画，生成选取后再利用"油漆桶"工具填充，利用不同颜色进行不同管辖区域的划分填充，设置图层透明度，不影响分区划分，并用文字工具进行具体内容及分区的标注（图4-4-1）。

图4-4-1 研究范围表达

4.4.2 现状分析图纸表达

1.区位分析

区位分析通常使用区域地图作为底图进行绘制，要注意从宏观到中微观，同一类分析图使用同一底色，研究对象在空间图底关系的表达上要突出，要显示出与研究对象在空间上有重要联系的功能节点。可利用PS处理地图作为底图进行绘制（图4-4-2）。

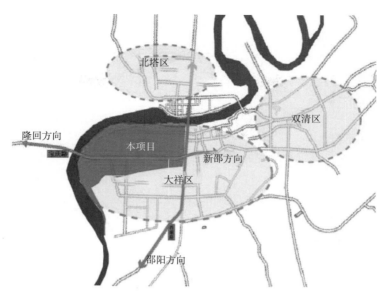

图4-4-2　区位分析图

2.区域范围内配套设施分析

要对区域范围内的用地、配套设施及重要交通进行分析。土地利用现状图按照规范要求进行绘制，不宜修改其配色，配套服务中以点为单位突出配套设施位置，并通过不同颜色进行区分。

交通分析图应结合线条粗细、颜色深浅间接表达出道路的主次关系。配套及重要交通分析图可利用遥感地图截图选取范围，然后利用PS降低图片饱和度、提升明度作为底图进行绘制（图4-4-3）。

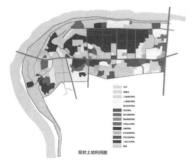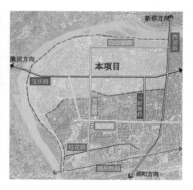

图4-4-3　现状用地分析图、配套设施分析图、交通分析图

3.内部建筑分析

建筑的拆除、新建建筑都需对其原有建筑进行分析，在做数量较大的分析图时，最好采用单一渐变色彩，这样既有区位又能保证协调。此图可直接用GIS输入数据生成，也可利用CAD线稿导入PS，利用PS按属性进行颜色划分及填充（图4-4-4）。

图4-4-4 建筑质量分析图

4.岸线开发适宜性评价

对于城市滨水区域来说，怎样利用滨水资源设计成滨水景观非常重要。因此，在现状分析部分，应结合其滨水形态，进行流线式岸线分析。

在分析过程中，利用"油漆桶"工具进行填充，注重色彩的渐变与区分，需要既考虑现状情况的说明，又要有空间美学效果（图4-4-5）。

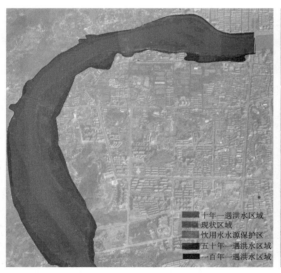

图4-4-5 岸线分析图

4.4.3 概念示意图纸表达

1.产城融合

"产城融合"是规划的主导理念，是推行区域融合、功能复合、设施完善的空间组织方式，适合使用抽象的元素示意。此部分用PS"选框"工具绘制圆圈、线等要素，利用文字工具进行标注，并利用相关素材进行细节示意表达（图4-4-6）。

城乡规划计算机辅助设计

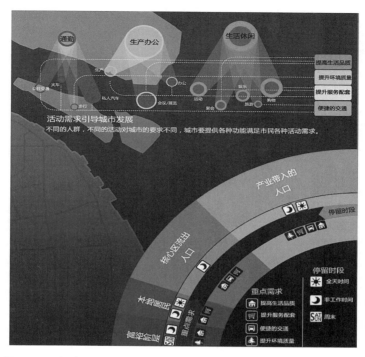

图4-4-6　概念示意图

在概念示意图的空间落实上，利用空间地形图进行空间定位，再用PS软件对遥感地图去色后生成底图，在底图上新建图层，利用"钢笔"工具绘制圆圈色块与箭头。

2.多脉激活

"多脉激活"的核心是关注人的生活，充分利用基地的资源条件，创造活力、健康、低碳的城市环境，使基地成为富有吸引力、激发城市活力的场所。在城市脉络概念图示部分，利用PS中文字工具绘制文字做分析图，利用文字大小重复展现强调的重点。在文字方向调整上，选择文字所在图层，设置转动角度即可（图4-4-7）。

图4-4-7　城市脉络概念图1

在概念的落实上，要在规划范围的大致节点进行定位，不同颜色的节点代表不同的功能用途。利用PS中"椭圆选框＋填充"工具绘制色块，利用"钢笔＋画笔"工具绘制路线，利用颜色强调突出重点的类型，对于水域、文化等柔性空间，注意线条符号的柔美度，可利用"钢笔"工具调节其节点角度，增加线条的衔接角度，利用柔性线条来烘托设计理念

（图4-4-8、图4-4-9）。

 骑行 cycle

沿资江水系岸线，主要城市公共设施和社区中心轴带上设置步行和自行车骑行环线，与机动车交通分离，串串于基地四周，提供安全、舒适、特征性的城市户外活动空间系统。

 步行 Work

原控规道路过密导致服务半径不足，不适宜步行，规划增加道路密度将更适合步行出行。规划提出网络或社区中心布局，服务功能渗透性加强望而使得服务半径能够顾及全区。

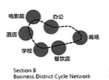

Section A
Residential Cycle Network
①居住区骑行环

Section B
Business District Cycle Network
②商业区骑行环

Section C
Public Space Cycle Network
③开放空间骑行环

图4-4-8　城市脉络概念图2

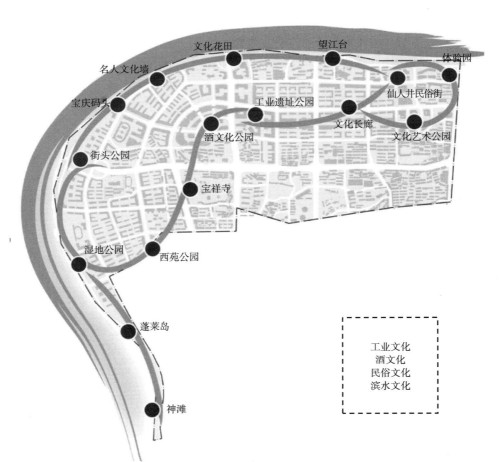

图4-4-9　城市多脉空间设计

3.有机更新

有机更新指将城市作为一个有生命的机体，其也需要新陈代谢，但是这种代谢应当像细胞更新一样，是"有机"的，而不是"生硬"的替换。用色块代表不同功能，颜色的变化及箭头代表功能更新中的变化，此处PS选框工具＋填充工具＋画笔工具制图（图4-4-10）。

图4-4-10 多功能空间示意

在概念图的空间落实上，利用地块进行空间定位，利用不同颜色区分不同含义，注重颜色配比，使图片和谐。此处可用CAD导出底图，PS填充出图（图4-4-11）。

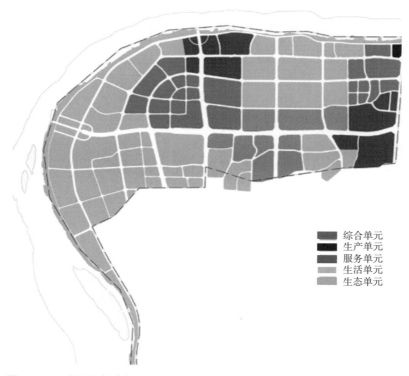

图4-4-11 单元更新分析图

4.4.4 规划方案图纸表达

1.总平面图

总平面图是方案表达中的重点，在总平面图的表达中要注意空间层次关系，重要节点可加强颜色的表达，次要节点弱化色彩，范围外虚化处理。可使用CAD导出线稿，PS上色处理出图（图4-4-12）。

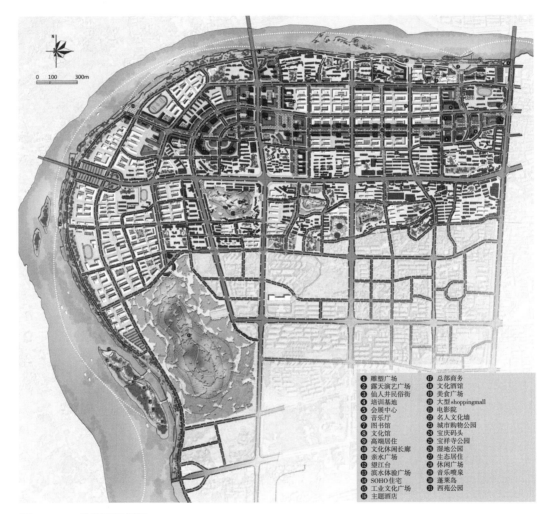

图4-4-12 总平面规划图

2.功能分区图

按规划思路将功能区分为三轴一带六区。三轴：商业娱乐轴、文化轴、南北联动轴，一带：资江滨水景观带，六区：主题商业区、文化体验区、休闲娱乐区、高端居住区、生态居住区、活力居住区。以总平面图作为底图，进行去色变浅处理后，绘制分区及轴线符号进行标注（图4-4-13）。

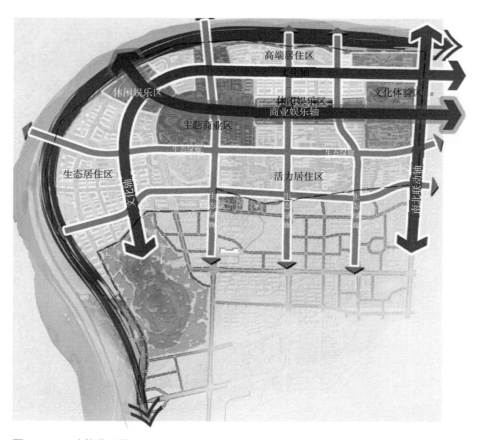

图4-4-13 功能分区图

3.生态景观图

在生态景观的利用设计中，要充分发掘基地现有人文历史，利用自然山水资源优势，强调城市—自然之间和谐关系的建立，顺应资江及基地内部山体的自然走势，组织绿化网络骨架，构建城市公共开放体系空间。以城市慢行交通及视线廊道，将基地内绿地有机串联起来。在生态景观图的绘制中，利用PS将原有规划总平面图进行去色变浅处理后作为底图，烘托生态这一主题，图纸绘制以绿色为主，利用箭头及节点符号标识生态轴线与生态节点，并通过文字标注说明具体生态节点的内容表达（图4-4-14）。

4.慢行交通规划

作为方案的主要特色，慢行交通的结构梳理非常重要。利用PS将原有规划总平面图进行去色变浅处理后作为底图，多采用不同色彩及粗细的线条表示交通属性，可利用素材"行为小人"强调路线特征（图4-4-15）。

5.配套设施规划

规划图要重点表达配套设施类型及位置，采用设施配套符号标示（图4-4-16）。

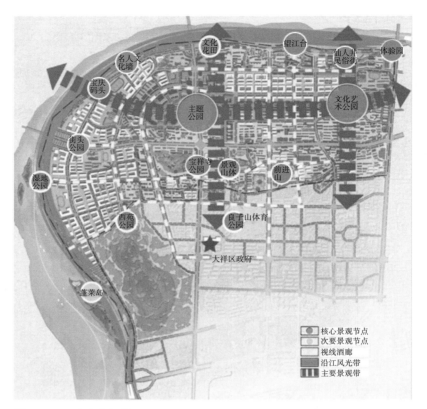

图4-4-14　生态分析图

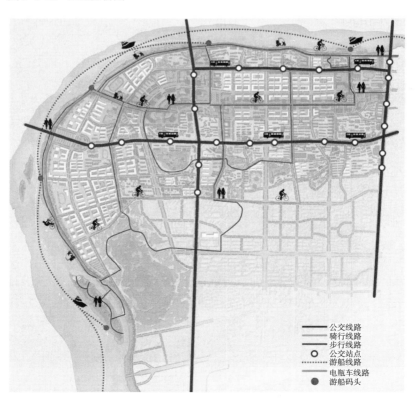

图4-4-15　慢行交通分析图

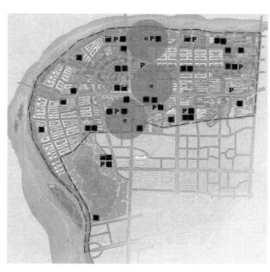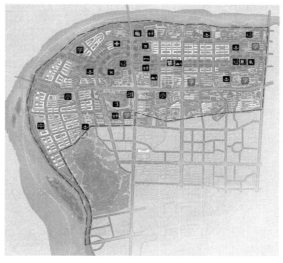

图4-4-16　配套设施规划图

6.主要节点设计

　　同样用PS表达，利用处理后的总平面图作为定位底图，保留河流区域及重要节点色彩，同时利用效果图示意，显示空间特征。呼应空间道路走向绘制路线，形成点线空间布置。同时，可配套效果图，烘托节点设计内容（图4-4-17）。

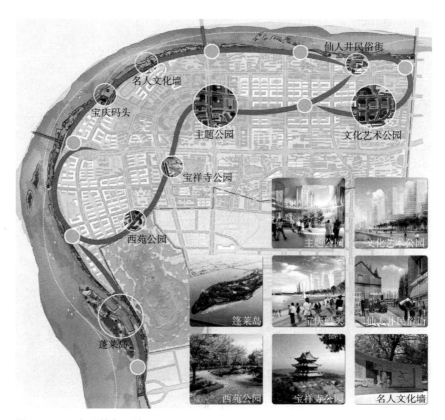

图4-4-17　主要节点设计图

7.总体鸟瞰图

总体鸟瞰图要重点展示出整体建筑的聚落形态关系、整体形态风貌等，因此选择滨江角度。利用CAD绘制建筑及道路等界线，并将其导入SU，进行体块拉升建模，重要建筑在模型中填充机理花纹，强化空间氛围，加入光线点增强重点空间的效果，Lumion渲染出图后导入PS进行植被、云彩、字体、图案面明暗度等细节处理（图4-4-18）。

图4-4-18 鸟瞰图

8.重要节点图

重要节点效果图展示的是重要功能空间的建筑形态、空间关系及植被风貌。要利用色彩强化重要建筑及广场效果（图4-4-19）。出图方式同总体鸟瞰图。

图4-4-19　重要节点效果图

第5章

成果表达

所有的设计成果最终都需要提交展示，如何让众多设计图件和必需的文字说明合理、美观地集合在一起，是设计成果表达的重要内容。在排版设计中，PS、PPT、AI、ID等软件都比较常用，本章以ID软件为例，展示如何使用这一软件工具进行排版设计表达。

5.1　ID软件与设计成果表达

通过前面的简单介绍，可知ID软件有强大而专业的设计、制作、印刷等功能，可以为卡片、宣传册、图书、杂志等印刷品进行设计排版。而对于建筑、城乡规划专业的学生来说，则可以利用它的设计排版功能来帮助完成设计成果的排版，为设计成果表达和展示提供一个优良的工作平台。一名优秀的设计者，只有将设计方案与成果展示结合起来，才能创作出优秀的设计作品。

以在课程中常用的成果表达规格要求来说，主要为展板（A1图纸）及图册文本两类，使用ID软件制作时，主要工作流程可以分三步。

第一步，根据设计任务书要求完成设计后，整理好出图需要的设计成果图件及相关说明文字的素材。

第二步，进行设计、排版。通常先根据设计的主题和内容确定采用横版还是竖版布图，根据内容对版面进行分区，确定背景图案及主要使用色系等关键内容，再把图片、文字在ID里组合到页面中。需要的情况下，可以用PS修改图件、绘制图形。全部完成后进行复核校验，确定无误。

第三步，输出为适合打印的PDF文档，然后打印、装订。

5.1.1　ID软件排版设计的准备工作

在使用ID进行版面编排设计前，需要将要表达的文字、图像图形等图件制作完成。最常用的处理工具就是Word等文字处理软件，以及PS等设计、修改图片的软件。

需要先一步对排版的文字进行编辑初步加工，将所涉及的图件及需要辅助表达设计意图的图片、照片等素材全部收集整理完成。然后根据设计的意图确定表达形式，通过合理的安排，以达到突出主题、版面美观的目的。

5.1.2　排版设计的一些基础知识

美国设计师罗宾　威廉姆斯（Robin Williams）在《写给大家看的设计书》中，将优秀排版设计的秘诀归纳为4条原则：对比、重复、对齐和亲密性。而这正是进行大部分排版设计时，让版面变得更漂亮所遵循的原则。

1.对比

放置在版面上的各种元素应该具有对比性，这样会给版面带来层次感，常见的有大小、粗细、颜色、动静、虚实、疏密、方向、肌理等对比方式。

比如，文字是在版面上常用的元素，可以通过对字体粗细、字号大小、颜色的不同来产生对比，特别是运用在标题上，会让标题更加醒目，突出重点。不同等级的标题会产生变化和层次感，形成体系（图5-1-1、图5-1-2）。

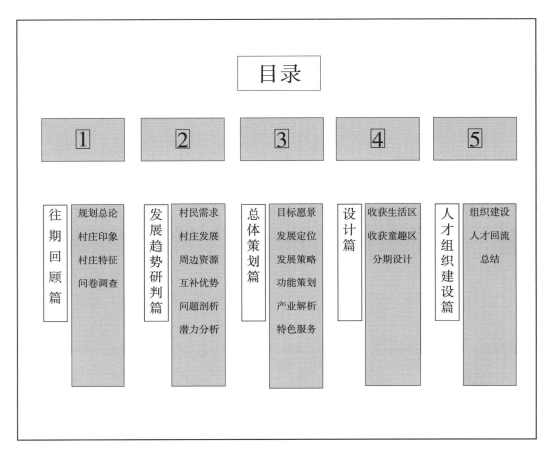

图5-1-1　标题和正文的对比

土
地
高
程

全村地势变化较大，周围土地多为林地，田地与山峦相靠，形成天然背景。村域内存在各种小山，最低点海拔1010m，最高点海拔1204m，最差194m。

土
地
坡
度

村域内坡度主要为0~40%坡度，最高95%。

土
地
坡
向

村域坡向多样且较为平均，村寨大部分坐落在较为平坦的地方。

图5-1-2　不同层级的文字形成对比

2.重复

使用重复性设计原则，可以让版面中所需要呈现的同一体系的内容产生内在联系，从而在视觉上产生整体感，将相关的各部分联系在一起。

例如，在进行同一层级的各项分析图排布时，就常用这一原则，运用同样的字体、字号大小、颜色、版块背景等，增强了同类型元素之间的联系。重复可以与对比性相关联，在统一中求变化，从而不会因为太过重复而减弱了重点（图5-1-3、图5-1-4）。

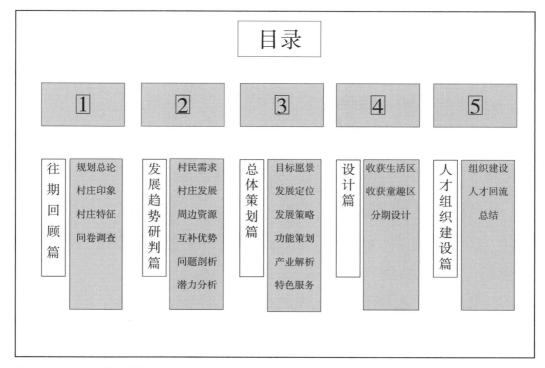

图5-1-3　内容色块的重复使用

3.对齐

在排版时放置其中的各种元素必然要井然有序，避免杂乱无章，而对齐是保持秩序的一种重要方法。常见的对齐方式有5种：左对齐、居中对齐、右对齐、两端对齐、顶部对齐。在一个版面设计中，我们会根据需求采用不只一种对齐。如，方案标题采用右对齐，图片、文字采用左对齐等（图5-1-5）。

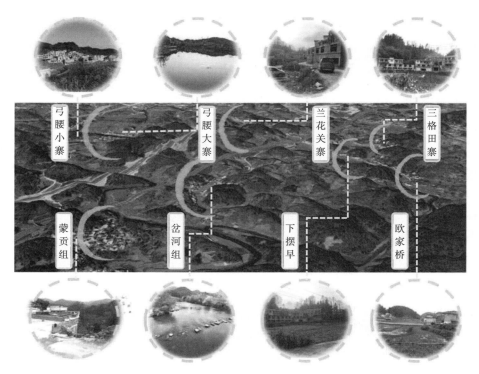

图5-1-4　同类型图片的重复形式

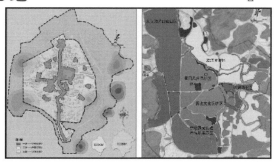

□ 青岩镇交通规划：在青岩镇内部及周边道路分为主要车行道、次要车行道、主要步行道、次要步行道。
□ 青岩镇土地分级：主要分为三级，一级——绝对保护区46582m²，二级——严格控制区326040m²，三级——环境协调区703056m²。
□ 青岩镇土地分区：主要分为文化旅游创意园区、旅游度假区、田园风光保持区、历史文化保护区、古镇稀化区、非特质文化遗产传承展示区。
　规划相关性：摆早村村域内有青岩镇交通规划的车行道和步行道，并且处于青岩镇三级——环境协调区和青岩镇田园风光保护区，且具有自己的景观特色。

图5-1-5　图片、文字对齐

　　但要注意的一点是"绝对对齐"是以文字边界为基础，自动对齐。但是因为字体大小、字形结构、中英文、数字等差异会让人们产生"视错觉"，需要手动进行修正，使视觉上看起来是对齐的，这就是"视觉对齐"。

4.亲密性

在实际排版中，我们会考虑不同层级的文字、图片之间的间距不同，这其实就是元素的亲密性不同。相同的元素靠得近些，不同的远些，让人从位置关系上就能一眼看出版面结构，直接找出重要的内容。有的时候甚至运用多种原则来达到亲密性这一效果。

比如，同样等级的标题，可以采用同一种对齐方式、同样的背景底色、同样的间距，而相关联的板块内容，可以用同样的距离、位置及辅助性线条和图案等来表达内容的关联性和亲密程度（图5-1-6、图5-1-7）。

公共服务设施—教育、体育、医疗设施

图5-1-6　同层级文字同等亲密性

人口——密

人口结构
摆早村共有398户，总人口2071人，其中，常住人口有957人。由苗族、布依族和汉族组成，苗族和布依族共计1916人，占98%，汉族占2%

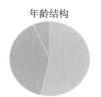

年龄结构　　　　　　　民族结构

·0~18岁·18~60岁·60岁以上·　　·苗族·布依族·汉族

老龄化程度高
60岁以上的人口占13%，超过60岁以上老年人口占人口总数的10%的老龄化社会界定值。摆早村年龄结构以中青年为主，劳动力人口占76.65%，适龄儿童占10.35%，抚养比33.34%。

外出人员比例高
摆早村劳动人口1500人中，有1000人外出务工，外出比例67%

图5-1-7　不同层级、板块的亲密性

以上四个原则是互相关联的，一般来说，同一个版面中不会只用到一个原则，综合性的运用会让作品展示更有说服力。

5.2　设计课程对成果排版设计的要求

城乡规划专业针对不同的设计课程，其成果会有所差异，但总体来说，从版面大小形式来分，可分为大幅的展板和图册文本两类，前者以A1（594毫米×841毫米）规格居多，后者则常用A3（297毫米×420毫米）、A4（210毫米×297毫米）规格。

A1展板形式多用于设计竞赛、评图、展览等，A3、A4规格则多用于文本表达。

5.2.1　设计成果表达的内容构成

作为城乡规划设计专业的设计成果，根据具体课程设计的阶段和规划类别不同而各有差别，需要根据设计任务书的具体要求完成，但可以将表达的主要成果分为以下两大部分：

1.规划设计前期分析部分

该部分主要为与基地相关的各类基本情况分析图件及设计构思、理念分析，可以包括：
①基地现状及区位关系图（人工地物、植被、毗邻关系、区位条件等）。
②基地地形分析图（地面高程、坡度、坡向、排水等）。
③任务书给定的建设主体诉求分析。
④表达设计构思、意向的各类分析图。

2.主要规划设计内容图件部分

该部分主要包括规划设计总平面图、各专项规划设计图及各类规划设计分析图。

以居住区规划设计为例，该部分图件可以包括但不限于：居住区总平面图、规划结构分析图、用地功能结构分析图、道路系统分析图、消防系统分析图、日照分析图、景观绿化系统分析图、空间环境分析图、竖向设计图、住宅选型图等。

3.与设计表现有关的、表达设计意向的成果部分

该部分主要包括各类透视图、照片、标题、说明文字等。

5.2.2　A1图纸排版设计

在要求设计成果为概念性方案或参加设计竞赛时，一般会以展板的方式来进行，前面说过，常用尺寸为A1图纸大小（594毫米×841毫米），数量一般在2~4张左右。

确定排版方式后，第一步要做的就是确定采用横版还是竖版，确定因素可以从以下两方面考虑。

一是图件数量的多少。可以在保证图面饱满的前提下，根据图件的数量确定横版还是竖版能更好地将所有图件放到版面上来。

二是设计表达的需要。传统的设计图以横版表达居多，不过从视图方便的效果和各板块

之间的联系来看，竖版更优。

以乡村规划设计成果为例，按照设计任务书要求，应包括调研、发展策略、乡村规划等部分的成果表达。以调研及发展策略板块的成果排布来说，需要排布在两张A1图纸上。

①准备好所有的设计图件及文字说明，先确定为竖版排布，在排布时要先根据规划的主题确定背景图案、颜色及标题的位置。

②按照需要表述的规划内容、顺序、设计板块及图件数量，将整个图面划分为几大板块，完成整体版面规划（图5-2-1）。

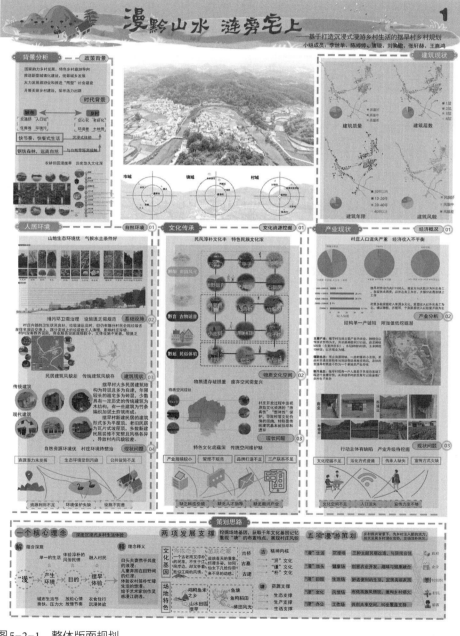

图5-2-1　整体版面规划

③将在PS中处理好的图件按照前面的设计放入版面，并调整大小，运用前文所说的排版原则做到层级分明、美观整齐、协调统一。将需要的文字及标题置入相应位置，按表达内容的层级关系调整字形、字体大小，调整各段落文字的亲疏关系（图5-2-2）。

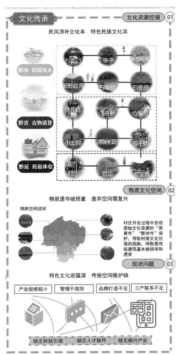

图5-2-2　按不同层级关系调整表达效果

④整体检查图面效果，若图面太空，则需要补充丰富一些图片、文字内容，也可以是一些分析类图件或者增加分割空间的色块、色带、小图案等装饰图面，还可以通过调整版面各部分内容的间距来达到排版饱满的要求（图5-2-3）。

5.2.3　A3文本排版设计

A3文本类似于画册、图册的制作，主要包括封面、目录和内容。

封面一般由背景底图、设计作品的主次标题及设计者、指导者等相关信息构成。

目录则为所表达内容的标题和页码导引构成，一般来说，可以使用由ID软件自动生成的目录，也可以自行设计制作。

内容部分的表达顺序与A1图纸类似，主要为设计说明，规划前调研分析、构思、规划内容及各类分析等（图5-2-4~图5-2-6）。

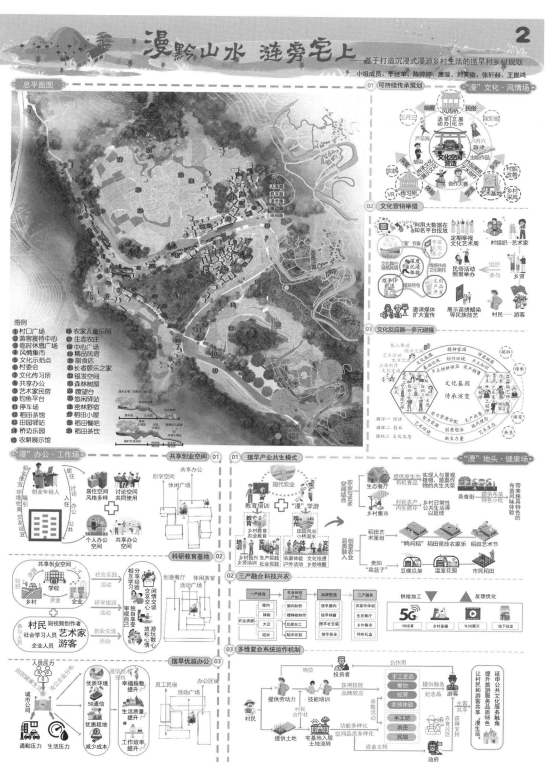

图 5-2-3　学生作品

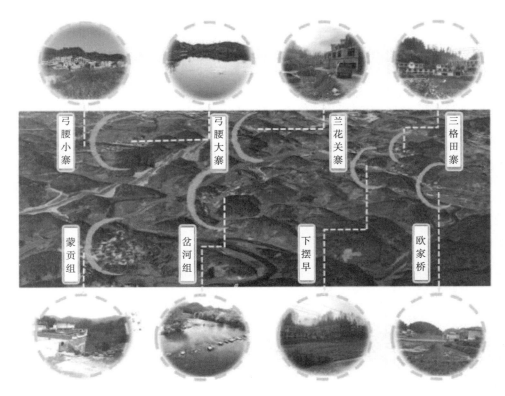

植物物种分析

马尾松　刺槐　榕树　女贞　　枇杷　油菜花　三月泡　李子树　　猫眼草　六月雪　红叶石楠红花继木

层次分析

图5-2-4　调研分析图

3.1 目标愿景

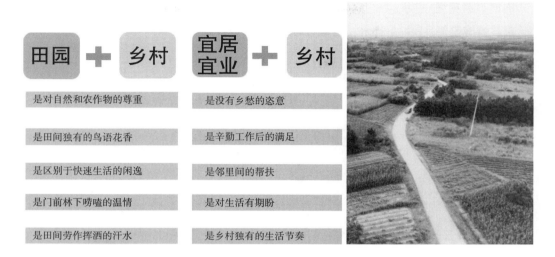

田园 ＋ **乡村**	**宜居宜业** ＋ **乡村**
是对自然和农作物的尊重	是没有乡愁的恣意
是田间独有的鸟语花香	是辛勤工作后的满足
是区别于快速生活的闲逸	是邻里间的帮扶
是门前林下唠嗑的温情	是对生活有期盼
是田间劳作挥洒的汗水	是乡村独有的生活节奏

是体验、是生活、是节奏，是一种生活方式

贵阳美丽乡村青岩镇摆早村策划

3.3 发展战略

田园

田园风光

| 彰显田园景观 | 维持多种农业模式 | 体验互助农业 | 保护原生态景观 |

田园建筑

| 打造特色庭院景观 | 延续传统建筑基因 |

田园生活

| 林下公共空间模式 | 丰富公共文化空间 |

图5-2-5　策划目标战略图

4.2 基础策划【收获方便】

民宿 ● 支撑项目　　　收获·舒适

市政设施改善　　【排水、河道治理工】

给排水系统规划
运用现代科学技术对排水设施进行规划改建，结合绿色植物的栽植，既对路面进行了保护，又增加了环境的美观度，同时对排水进行统一处理再进行排放。

河道治理
完成严重侵占河道建设的清理任务，解决河道两侧脏乱差现象岸线资源可持续利用。使水系成为摆早的资源优势，有助于开发周边活动。

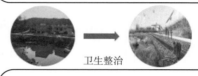

卫生整治

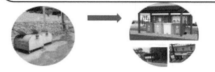

"二统"即农村垃圾统一分类处置、垃圾收集点满足村民需求，建立完整的垃圾运输处理体系。垃圾收集点满足村民需求。

貴阳美丽乡村青岩镇摆早村策划

4.4 创意策划【特色文化服务】

民宿 ● 文化　　　收获·热闹

　　寻根溯源，摆早村文化历史悠久其中农耕文化、饮食文化、服饰文化尤为突出。利用丰富的文化，实施各种系列活动来宣传，①定期举办文化艺术周；②民俗活动照常举办；③展示蜡染、刺绣、民族服饰等；④邀请媒体人来参与，同时记录活动，来扩大知名度；⑤利用互联网，在各社交宣传平台进行宣传推广。

貴阳美丽乡村青岩镇摆早村策划

图5-2-6　策划内容展示图

5.3 ID软件运用的基础操作

在设计成果排版时，ID中的"写字"和"插图"是最常用到的两个功能，当构思完成，准备好素材后，就要进行文本和图片的排布了，本节将会在简单介绍这两个功能的操作后，以学生作业为例来讲解版面的编排设计。

ID还可以导入Word、Excel、PPT、PDF等文档内容。需要用到已编辑好的文字时，可以直接按"Ctrl+D"组合键，打开文件夹，选中需要的文档，只勾选"显示导入选项"，双击源文档，选择"移去文本和表的样式和格式"，即可去格式导入需要的文字。

5.3.1 文字排布及处理

文字排布主要用到添加文本和设置文本格式的功能。在需要排布文字的页面放置文本框，然后放入文字，可用Word文档提前准备好文字内容，再添加进ID中。

1.文字插入功能

在工作页面的左边选项栏里有一个"文字工具"的图标（图5-3-1），点"文字工具"，然后在工作区内需要编辑文字的位置，按下鼠标左键拖动到合适的位置释放，即可得到需要的文本框，在其中开始编辑文字。

图5-3-1　文字工具

还可以用复制粘贴法来导入需要的文字，这种方法适用于全部或部分文字的导入，并且默认去除源文本格式，以纯文本的形式添加进来。

以一段文字的导入为例：

首先，新建一个文件，点击"文字工具"，拖动绘制一个文本（图5-3-2）。然后把提前准备好的Word中需要的文字内容复制、粘贴到该文本框中（图5-3-3）。

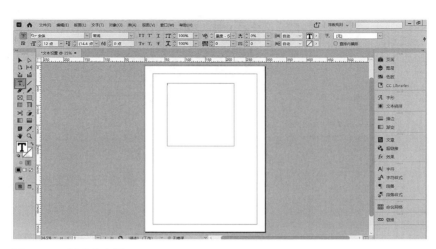

图5-3-2　新建文本框

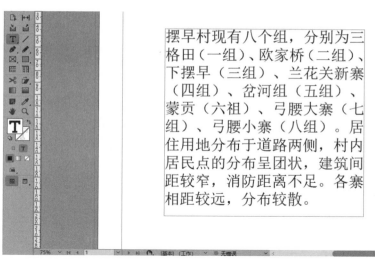

图5-3-3　复制、粘贴到文本框

2.文字的字形和字号的调节

文字调整面板在工作界面的左上方显示（文字编辑时会自动出现），也可以通过下拉文字菜单，选择对应项来调整（图5-3-4、图5-3-5）。

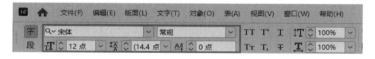

图5-3-4　文字调整面板

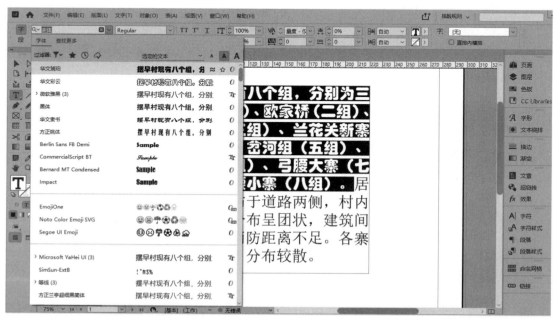

图5-3-5　调整字形

3.路径文字

ID还可以让文字按照我们预先设定的路径去排列。可以使用"路径文字工具"（图5-3-6），将光标放置在我们预设的路径上时，会出现一个小"+"，单击鼠标，即可输入或粘贴文字（图5-3-7）。

图5-3-6　选择路径文字工具

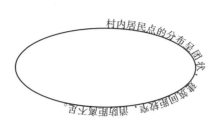

图5-3-7　输入所需文字

当需要调整路径文字的效果、流动方向等时，可以直接点击左上角"文件"菜单栏，在下拉菜单里选择"路径文字""选项"，然后设置（图5-3-8、图5-3-9）。

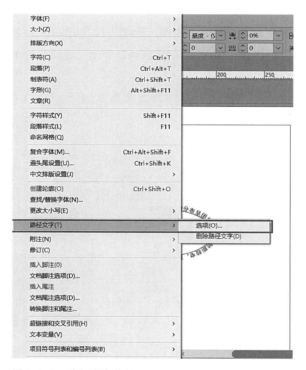

图5-3-8　路径文字菜单

图5-3-9　"路径文字选项"对话框

当需要调整文字在路径上的分布时，可以打开"段落"面板，选择需要的效果（图5-3-10）。

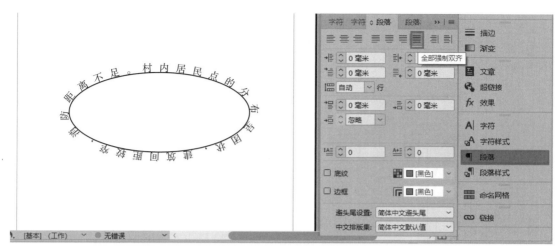

图5-3-10 在"段落"中设置文字分布

5.3.2 图片插入及处理

在插入图片前，必须要事先把需要的图件、素材等准备好，ID支持的文件格式非常多，包括PS的PSD格式源文件都支持直接插入。所以CAD导出的文件，经PS简单处理也可以直接插入。

直接点击左上角"文件"菜单栏，在下拉菜单里选择"置入"（图5-3-11）。也可以按"Ctrl+D"组合键，打开文件夹，选中我们需要的图片，然后点击打开（图5-3-12）。

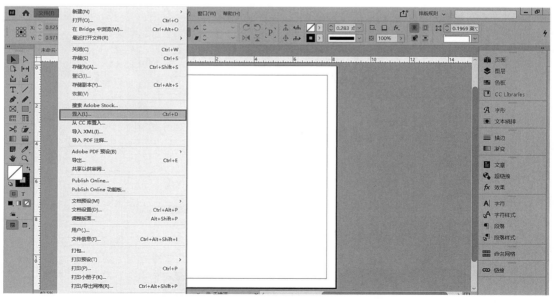

图5-3-11 下拉菜单"置入"选项

图5-3-12　文件夹图片选择

点击鼠标左键像SU画矩形一样把需要的图片插进去，再调整位置和大小即可（图5-3-13）。

图5-3-13　插入图片

5.3.3　页面的设计制作

在了解了简单的文字及图片排布功能后，下面以A3文本的封面、目录及某一内容页的排版为例，来学习一下设计成果的排版方法。

1.封面的制作

①点击"新建"可出现新建文档对话框，根据A3文本尺寸，设置"宽度"为420毫米，"高度"为297毫米，"方向"选择横版，不勾选"对页"，根据自己的预估排版页码数量设置

"页数"，这里我们先设置为3页，这个在后期排设时，可以根据具体情况在"页面"面板进行增减。出血量可以默认为3毫米，然后点击"边距和分栏"，可默认上、下、左、右边距为20毫米，也可设置为0（图5-3-14、图5-3-15）。

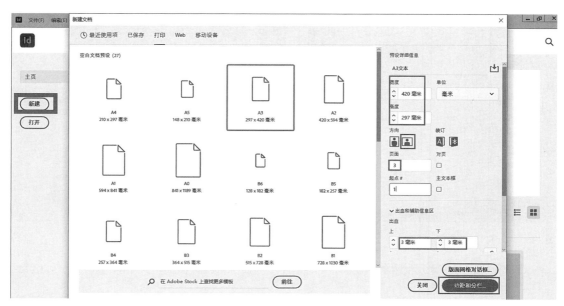

图5-3-14　新建文档参数设置

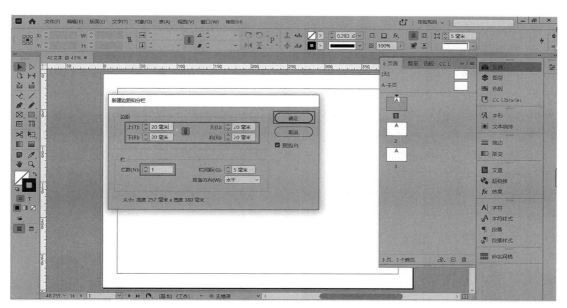

图5-3-15　边距和分栏

　　②点击工具栏"矩形"图标绘制一个矩形，尺寸为A3页面大小（图5-3-16）。

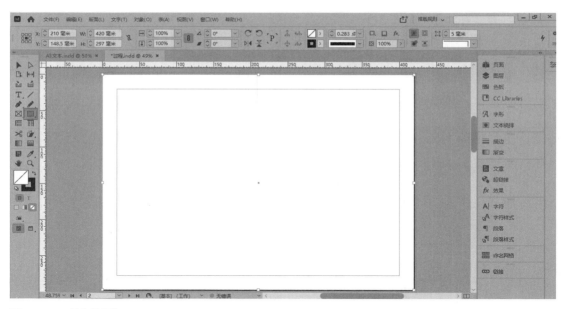

图5-3-16 绘制矩形

③按"Ctrl+D"组合键打开文件夹，选中需要的图片，置入图片；也可以点击"文件"下拉菜单，然后点击"置入"打开所需要的文件夹（图5-3-17）。

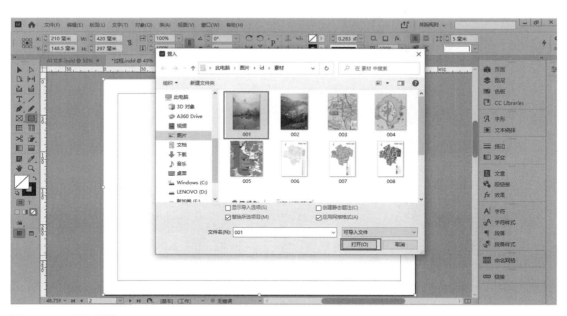

图5-3-17 置入图片

点击鼠标右键，拉出菜单选择"适合"—"按比例填充框架"，让图片铺满页面（图5-3-18、图5-3-19）。

④点击"文字工具"，在页面中下部拉出适合大小的文本框，并输入标题文字，直接在控制面板中确定字形为"微软雅黑"，字号分别为"60点"和"40点"，完成封面制作（图5-3-20）。

图 5-3-18　下拉菜单"适合"选项

图 5-3-19　铺满底图

图 5-3-20　置入标题

2. 目录的制作

①可以直接用鼠标滚轮下翻，即可看到第二张页面，也可以点击侧面快捷面板"页面"，拉出页面菜单，点击下一张切换编辑页面（图5-3-21）。

图5-3-21　页面面板

②先根据文本内容的章节划分为5个板块，按确定的设计表达方式，点击"矩形"工具按钮，在1/3左右的位置拉出一个矩形框，边线对齐边框，不松开鼠标，按"→"键增加列数为5列，并在面板上设置每个小矩形尺寸为"380毫米×25毫米"（图5-3-22）。

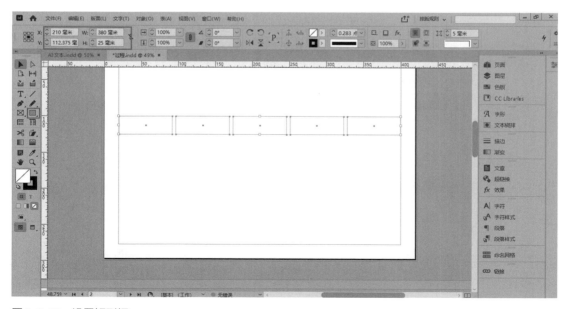

图5-3-22　设置矩形框

③点击"直接选择"工具按钮，选中需要调整的两侧的矩形框后，直接拉伸到页面两侧边缘。点击"填色"工具按钮，选择合适的颜色填充矩形框。然后在第一个矩形框内输入数字"1"，在字符面板中设置字形为"微软雅黑"，字号为"36点"，字体颜色为"蓝色"。完成后选中数字，按住"Alt"键不动复制到其他矩形框中，并修改数字为对应数值，调整数字到居中位置（图5-3-23）。

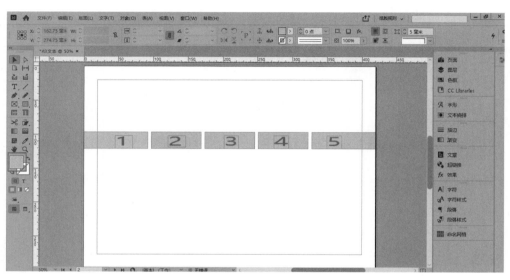

图5-3-23　矩形框铺底色、输入数字

④在矩形框的上面输入"目录"字样并调整字形、字号到合适的大小，在第一个矩形框下点击"文字工具"按钮，选择键入竖向文本框。在文本框中输入所需文字，调整好字形、字号，然后同样用"Alt"键的复制功能复制到其他矩形框下，并修改相应文字完成设置（图5-3-24）。

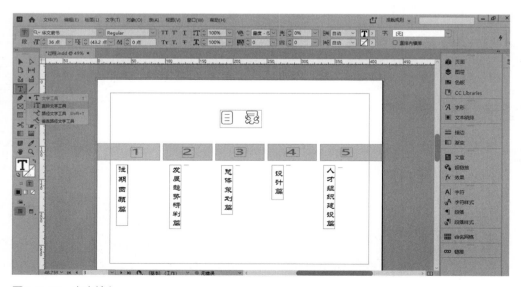

图5-3-24　文字输入

城乡规划计算机辅助设计

⑤在第一个矩形框下根据内容的多少，拉出一个竖向矩形框，单击"吸管"工具，填充矩形框底色与数字栏一致。然后直接单击"文字工具"，在文本框中输入所需文字，也可以在前期准备的Word文本中选择自己需要的文字内容，复制、粘贴到矩形框中，并设置成自己需要的字形、字号。单击"段落"面板，调整段落间距等参数达到自己满意的效果即可（图5-3-25）。

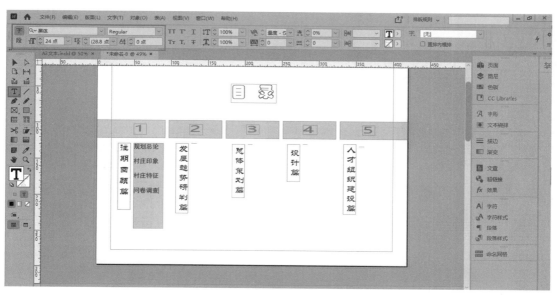

图5-3-25　竖向文字输入

⑤选中第一列目录栏，按住"Alt"键复制粘贴到其他目录下，并修改相应文字完成设置。至此，我们完成了第二张目录页的设置（图5-3-26）。

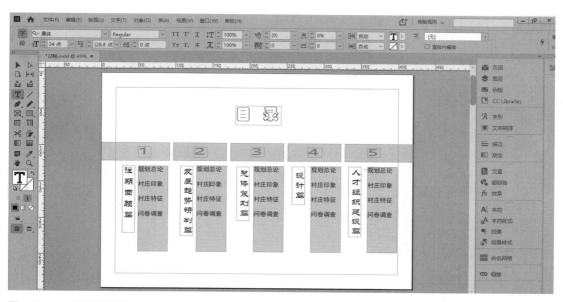

图5-3-26　目录页设置

3.内容页的设计

①运用与进入目录页排版设计同样的方法，进入第三页。点击"矩形"工具按钮，在页面顶部拉出一个矩形框，调整至合适的大小，不松开鼠标，同时按住"↓"键均分为3列。或者先单独拉出一个矩形框，调整到自己需要的大小后，按住"Alt"键复制出3个矩形框（图5-3-27）。

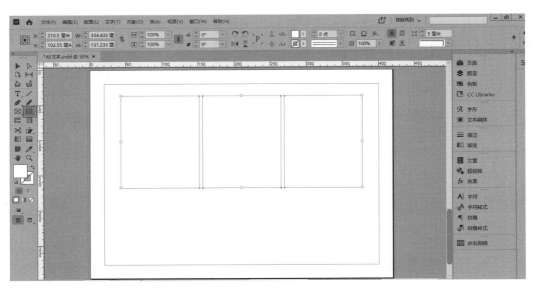

图5-3-27　矩形框设置

②点击"文件"菜单栏，打开下拉菜单，选择"置入"选项，然后在打开的文件夹中选中自己需要置入的图片，也可以按住"Ctrl+D"组合键，选中需要的图片置入，按鼠标右键，拉出菜单选择"适合"—"使内容适合框架"，调整框内显示图片范围（图5-3-28、图5-3-29）。

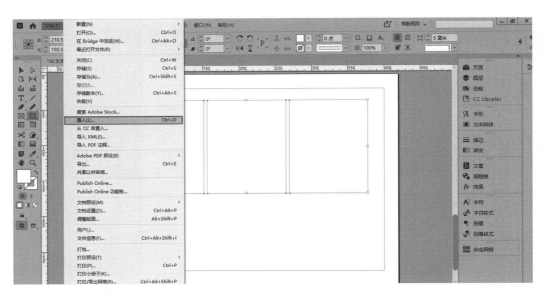

图5-3-28　"置入"选项

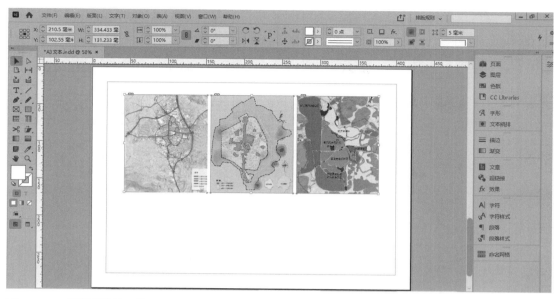

图5-3-29 调整图片显示范围

③在Word文档中复制需要的文字，直接粘贴到页面中，并调整好文本框的大小、位置，这个时候要注意检查，如果看到文本框右下角有一个红色"+"图样，则表示显示内容不完整，需要调整文本框大小或字号大小（图5-3-30）。

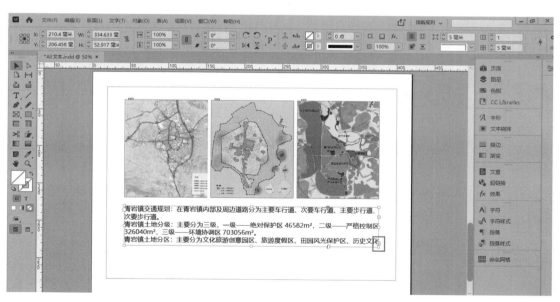

图5-3-30 检查显示内容

④安排好该页面的内容和标题后，在文本框中选中所有文字，调整好字形、字号等参数，该页面中文本内容设置为"微软雅黑"，字号为"36点"；标题设置为"华文琥珀"，字号为"48点"（图5-3-31）。

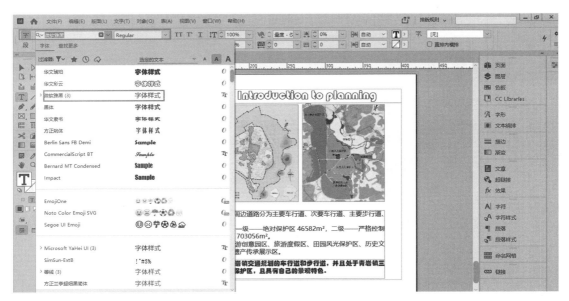

图5-3-31　调整字形、字号

　　将标题和文中需要重点表达的内容用不同颜色突出，打开"色板"面板，创建所需要的颜色，并将其运用到需要强调的内容。也可以通过选中需要改变颜色的文字，双击"填色"工具按钮，在弹出的"拾色器"面板中直接选择（图5-3-32）。

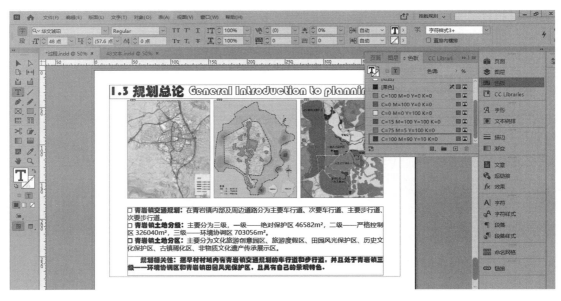

图5-3-32　调整字体颜色

　　这样，一页内容就制作完成了，同样我们可以根据需要，完成所有内容页的制作（图5-3-33）。

城乡规划计算机辅助设计

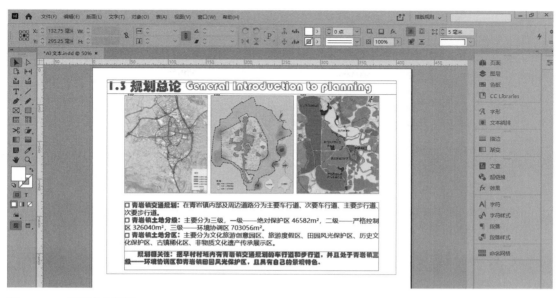

图5-3-33　页面文字调整

　　一般来说，制作完成的文本或者图纸，为了更好地表达完整性和系统性，会将同一套图纸的标题应用在每一张图纸上，或者在一套文本的页眉设置标题信息等，不仅在图面上形成统一、提出关键信息，还可以起到装饰美化的作用。下面我们就来设置页眉信息。

　　首先，点开"页面"面板，双击鼠标左键选中"A-主页"，就会出现主页页面（图5-3-34。）然后创建页眉信息，这里我们主要创建了一条矩形色带+文本框输入图题信息，对文字内容进行字形、字号及字色的编辑后，即完成页眉信息的创建（图5-3-35）。创建完成后退出主页编辑，应用到文本则可以看到文本的每一页上都有"A"的标记，都出现了刚才编辑的主页信息（图5-3-36）。

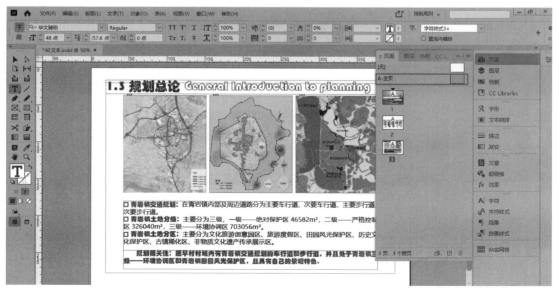

图5-3-34　主页面板

如果是同一套图纸的标题需要在每一张图纸的同一个位置出现，我们也可以将标题设置在主页中应用。

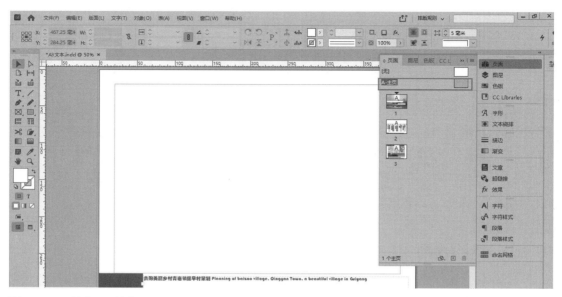

图5-3-35　创建页眉信息

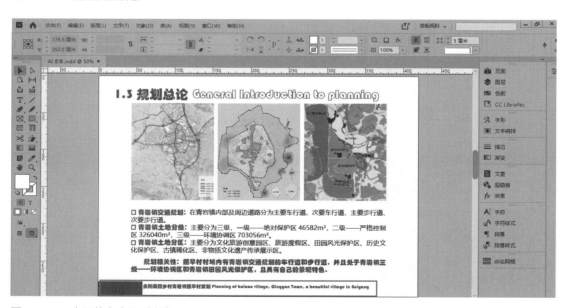

图5-3-36　主页信息应用到文本

设计完成的文本，需要进行打印前检查，确认无误后，进行文档打包，导出为PDF文件，即可完成。

对于A1大小的图纸排版来说，在文字和图片的处理上与A3文本是一样的，只是把封面变成了版头，没有目录页，所有的内容都放置到图纸中。

5.4 排版案例展示

如前所述的版面结构的四大设计原则，书中排版案例的设计思路基本来源于此，下面让我们来看一下不同尺寸的排版设计图。

5.4.1 A1排版案例

本案例作品为我们常用的竖排版，作为一套图纸，两张图采用了统一的近似色排版原则；并对置顶的标题采用了统一的背景图案和相同的字形、字号的排版设计；在文字的层级和亲密性处理上，采用统一的排版设置来处理。

两张图都通过导入圆形节点图片来打破原有的矩形版面设置，通过这种对比，使图面显得更加活泼。

在标题的处理上，首先，通过字号的大小变化使标题内部产生了对比，突出了表达信息的重点；其次，通过同一层级标题在文字大小和表达形式背景上的强调，加强了标题与正文之间的对比性，最后，使用重复性原则，使各板块有机联系，增加了页面的统一性，整体感较强（图5-4-1、图5-4-2）。

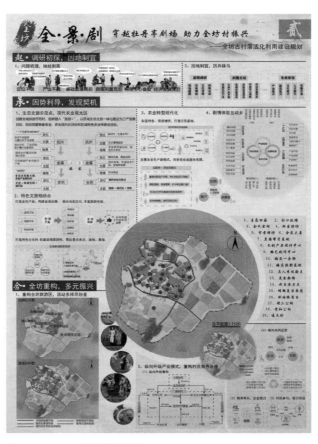

图5-4-1　A1排版案例页面1

图5-4-2 A1排版案例页面2

5.4.2 A3排版案例

下面这几张学生作品为横排版，是一套作业中的一部分，也基本遵循了前面所述的排版原则。

作为分析报告的文本成果，选择单色配色、简洁统一；运用页眉，增强了整套图的统一性。在标题的表达上，通过字体颜色、大小的变化，在标题内部产生了对比，突出了重点文字的信息表达。

按照重复性设计原则将各部分联系在一起，给人较强的逻辑性，同时也注意到通过不同颜色、字号的变化来产生对比，突出重点信息。

当然，一个好的成果表达首先是建立在好的设计内容表达之上的，我们的排版设计只是锦上添花，让设计成果能完整、系统而美观地呈现出来，二者相辅相成（图5-4-3~图5-4-7）。

图5-4-3 A3排版案例页面1

1.3 村庄印象【村庄历史】

七十二摆

  贵阳历来是多民族杂居的区域，据说，"七十二摆"以少数民族语言命名，摆早村就是其中之一，"摆"在苗语里是山坡的意思，其为苗语地名，追随含"摆"的地名，可勾勒出五千年来苗族人民惊心动白色魄的迁徙史。

摆早传说

  传闻1500年左右，赵于俊的三子（老幺经常路过竹林寨，与当地布依族相处甚好，并结识了一位姓陈的布依族姑娘，但是赵于俊不同意儿子的婚事。赵老幺索性不回家，就在竹林寨住下，娶了那位布依姑娘。赵老幺在此安家后，竹林寨人丁兴旺，他也成了旺族首户。寨里寨外的人都尊称他为"幺公"，并把竹寨也喊叫"幺公寨"。后人感受到把寨子喊叫"幺公"不妥，便取寨前河弯如弓，寨在弓之腰内，改为"腰弓寨"）。

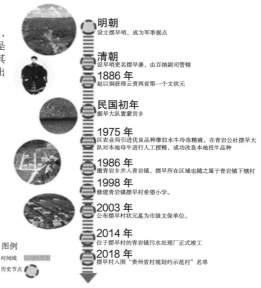

明朝
设立摆早哨，成为军事据点

清朝
设早哨更名摆早寨，由百纳副司管辖

1886 年
赵以炯获得云贵两省第一个文状元

民国初年
据早大队置蒙贡乡

1975 年
区农业局引进优良品种摩拉水牛冷冻精液，在青岩公社摆早大队对本地母牛进行人工授精，成功改良本地役牛品种

1986 年
撤青岩乡并入青岩镇，摆早所在区域也随之属于青岩镇下辖村

1998 年
修建青岩镇摆早希望小学。

2003 年
公布摆早村状元莹为市级文保单位。

2014 年
位于摆早村的青岩镇污水处理厂正式竣工

2018 年
摆早村入围"贵州省村规划约示范村"名单

图例

时间线 [[[[[[[[[[[

历史节点

   贵阳美丽乡村青岩镇摆早村策划

图 5-4-4   A3排版案例页面2

1.4 村庄印象【村庄居民点分布】

  摆早村现有八个组，分别为三格田（一组）、欧家桥（二组）、下摆早（三组）、兰花关新寨（四组）、岔河组（五组）、蒙贡（六组）、弓腰大寨（七组）、弓腰小寨（八组）

  居住用地分布于道路两侧，村内居民点的分布呈团状，建筑间距较窄，消防距离不足。各寨相距较远，分布较散。

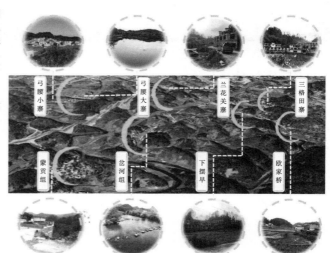

弓腰小寨 弓腰大寨 兰花关寨 三格田寨

蒙贡组 岔河组 下摆早 欧家桥

   贵阳美丽乡村青岩镇摆早村策划

图 5-4-5   A3排版案例页面3

1.12 特征分析【设施——薄】

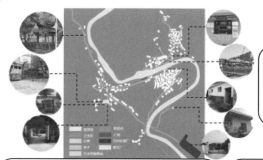

公共设施：摆早村规划区域内的设施较为不齐全。村委会、卫生所、广场、污水处理厂主要分布在七组、八组。另外还有两处小卖铺在六组，一处广场和一处取水处在三格田组，一处停车场在岔河组。

卫生设施：村庄内部的卫生状况良好，已建成村收集镇收运系统，垃圾清运及时，由于垃圾收集点覆盖范围不足，难以满足村民需求，部分村民会将垃圾丢在住宅周边的空地上，部分流域上的垃圾也无人清理，影响村庄环境。

给排水设施：摆早村自来水供给源于青岩镇，有些寨存在供水不足的情况。村庄里的排水沟建设不完整且没有遮盖物。生活污水直接排放。排水问题处理不完善，对河道造成一定程度的污染。

贵阳美丽乡村青岩镇摆早村策划

图 5-4-6　A3排版案例页面4

2.6 潜力分析

民族技艺、风情盎然的"布苗"之乡

智能互联、4G覆盖的信息家园

山水相依、状元之归的田园风光

日出而作、日落而归的"实心"村落

千年苗族、布依族聚居地，文化传承地。

已达成全村4G覆盖，智能手机和移动互联网得到了快速普及。

摆早村环山抱水，自然资源丰富，状元赵以炯之墓坐落在此。

青壮年多外出寻求发展。但由于交通便利，没有"空心"现象。

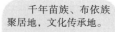

贵阳美丽乡村青岩镇摆早村策划

图 5-4-7　A3排版案例页面5

参考文献

［1］毛可,龚镭,黄宗胜 . BIM 建模实践手册［M］. 天津:天津科学技术出版社,2021.

［2］陈秋晓 . SketchUp&Lumion 辅助城市规划设计［M］. 杭州:浙江大学出版社,2016.

［3］曾旭东 . 城乡规划与建筑设计 BIM 技术应用［M］. 北京:高等教育出版社,2020.

［4］聂康才,周学红,史斌 . 城市规划计算机辅助设计综合实践［M］. 北京:清华大学出版社,2015.

［5］庞磊,钮心毅,骆天庆,等 . 城市规划中的计算机辅助设计［M］. 北京:中国建筑工业出版社,2008.

［6］韩绍强 . InDesign CC 设计与排版实用教程［M］. 北京:电子工业出版社,2020.